产品设计手绘技法快速入门

从0到1的蜕变

崔因　刘家兴　朱琳　著

化学工业出版社
·北京·

本书针对工业设计和产品设计的初学者，从"0"开始，由基础的直线和曲线入手，循序渐进地讲述线稿的基础画法。在了解透视原理并进行线条训练的基础上，介绍快捷方便的马克笔上色技巧，并特别讲解如何显示塑料、不锈钢、玻璃、橡胶、木材、皮革等不同材质效果的绘制方法。在单体效果图的表现之外，还介绍了快题设计和构图的基本知识。逻辑明确、层层深入，书中大量手绘效果图有很好的示范作用，可供初学者临摹。

本书适合高等院校工业设计、产品设计专业的学生，也适用于没有绘画基础的学生使用。

图书在版编目（CIP）数据

产品设计手绘技法快速入门：从 0 到 1 的蜕变 / 崔因，刘家兴，朱琳著. —北京：化学工业出版社，2019.3（2025.2重印）
ISBN 978-7-122-33735-1

Ⅰ. ①产… Ⅱ. ①崔… ②刘… ③朱… Ⅲ. ①产品设计 - 绘画技法　Ⅳ. ①TB472

中国版本图书馆CIP数据核字（2019）第 010092 号

责任编辑：孙梅戈　　　　　　　　　装帧设计：王晓宇
责任校对：王　静

出版发行：化学工业出版社（北京市东城区青年湖南街 13 号　邮政编码 100011）
印　　装：涿州市般润文化传播有限公司
880mm×1092mm　1/16　印张 9¼　字数 190 千字　2025年2月北京第 1 版第 9 次印刷

购书咨询：010-64518888　　售后服务：010-64518899
网　　址：http://www.cip.com.cn

凡购买本书，如有缺损质量问题，本社销售中心负责调换。

定　　价：68.00 元　　　　　　　　　　　　　　　　版权所有　违者必究

目录

1 绪论   001
   1.1   手绘的作用   002
   1.2   常用工具介绍   004

2 线稿技法与基础训练   011
   2.1   线条训练   012
      2.1.1   直线   012
      2.1.2   曲线   016
      2.1.3   椭圆   019
      2.1.4   正圆   021
   2.2   透视基础   021
      2.2.1   一点透视   023
      2.2.2   两点透视   025
      2.2.3   三点透视   030
   2.3   形体穿插   032
   2.4   明暗投影关系   035
   2.5   产品手绘"绘模成型"四大基本方法   037
      2.5.1   切割法   037
      2.5.2   中线定位法   041
      2.5.3   截面法（切片法）   045
      2.5.4   打格定位法   048
   2.6   线稿作品欣赏   052

3 马克笔上色技巧 055

3.1 马克笔用法 056
    3.1.1 平行排笔法 056
    3.1.2 叠加排笔法 058

3.2 简单形体上色 058
    3.2.1 方体 059
    3.2.2 圆柱 060
    3.2.3 圆锥 061
    3.2.4 球体 062

3.3 不同材质的上色技巧 063
    3.3.1 塑料材质 063
    3.3.2 金属（不锈钢）材质 066
    3.3.3 玻璃、透明材质 071
    3.3.4 木质材质 074
    3.3.5 橡胶材质 076
    3.3.6 皮革材质 078

3.4 马克笔效果图表现精讲 080
    3.4.1 上色步骤范例 080
    3.4.2 配色方案 110
    3.4.3 上色作品欣赏 118

4 快题版式设计 121

4.1 快题版式中的效果图 124
4.2 快题版式中的草图 126
4.3 快题版式中的细节图 129
4.4 快题版式中的情景故事板 131
4.5 快题版式中的设计分析 132
4.6 快题版式中的三视图、设计说明 134
4.7 快题版式中的标题、箭头设计 136
4.8 快题版式设计案例 139

1 绪 论

1.1 手绘的作用

手绘是一项技能，需要有一定的素描基础和绘画知识储备。学习和掌握设计手绘需要一定的方法和长期的练习，对于在校学生尤其是工科类工业设计专业学生来说，掌握起来尤其困难。然而手绘对于一个优秀的设计师来说十分重要，它可以在短时间内将设计师的创意表达出来。一个好的设计师应该善于运用手绘来表达自己的设计理念。

具体来说，手绘的作用表现在以下几个方面：

① 手绘的过程就是设计师进行设计构思、解决问题的过程；
② 手绘是设计师与客户和团队进行沟通交流的手段；
③ 手绘真正达到了脑、眼、手三位一体的互动；
④ 手绘往往带有设计师个人的风格魅力。

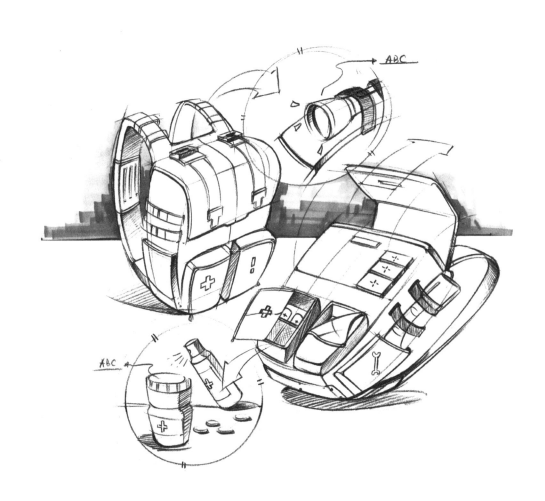

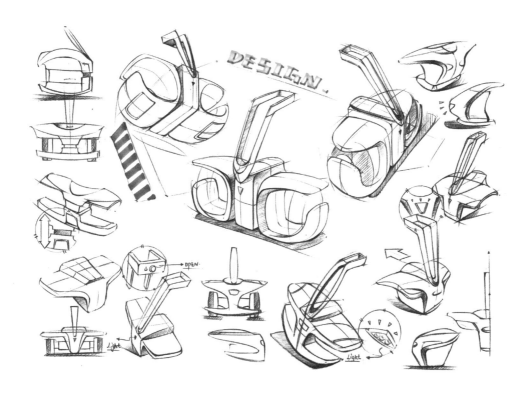
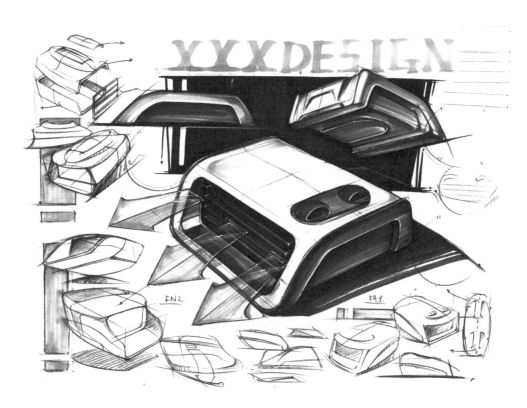

手绘不但可以帮助设计师快速地表达出自己的想法,而且可以通过线条的调整去快速把握一个设计的整体调性。设计的调性对一个优秀的设计来说很重要,手绘能够通过简单的线条调整,达到快速有效的解决设计整体调性和比例的目的。

近年来,无论从企业、设计公司的招聘要求还是工业设计硕士研究生入学考试来看,手绘都是考察的一个重点。因此,手绘也正在作为工业设计、产品设计专业从业人员和在校学生的一项必要专业技能而越来越受到重视。手绘不仅不会被计算机辅助设计所代替,反而会借助一些现代化的工具和媒介呈现出不同的变化,以适应时代的发展,迎合设计师的需求,在接下来的"中国智造"工业设计体系中发挥举足轻重的作用。

1.2　常用工具介绍

(1)绘画纸

常用的有复印纸、马克笔纸和硫酸纸。一般复印纸选择 70 克以上的 A4/A3 大小的即可。

▲复印纸

▲马克笔纸

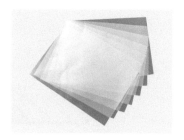
▲硫酸纸

(2)铅笔

比较常用的是辉柏嘉 399/499,还可以准备一支铅笔延长器(可以节省铅笔使用量)。

▲辉柏嘉 399 油性彩铅

▲辉柏嘉 499 水溶性彩铅

▲铅笔延长器

399 油性彩铅　　　　　　　　499 水溶性彩铅

▲ 辉柏嘉 399 和 499 对比效果

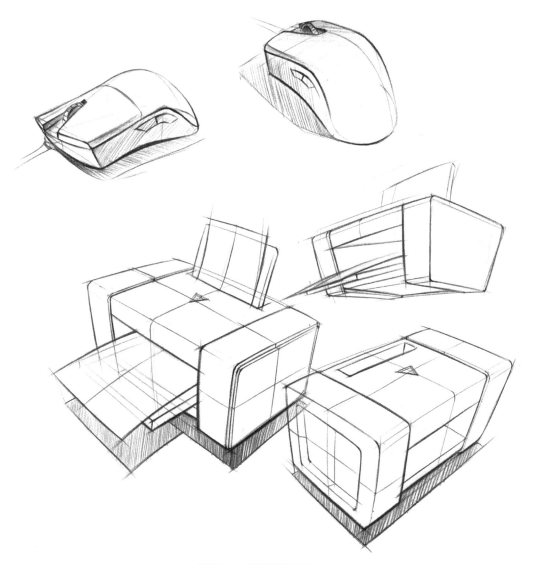

▲ 辉柏嘉 399 彩铅手绘效果

（3）圆珠笔

一般选用施德楼、比克等品牌的圆珠笔。

▲施德楼434F（小蜜蜂）

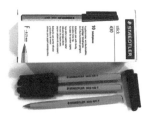

▲施德楼430

▲比克

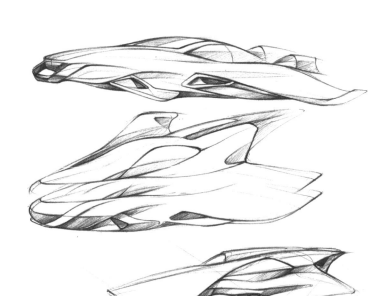

▲圆珠笔手绘效果

（4）针管笔

一般选用樱花、三菱、Copic等品牌的针管笔。

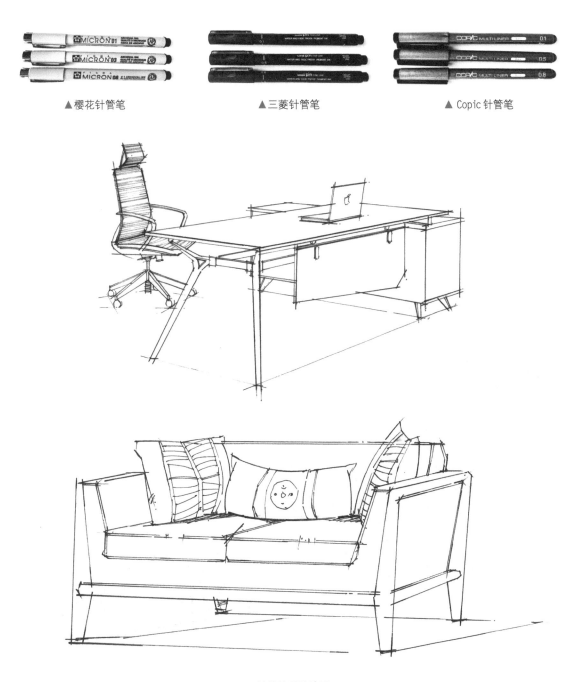

▲樱花针管笔　　　　　　　▲三菱针管笔　　　　　　　▲Copic针管笔

▲针管笔手绘效果

（5）高光笔、白色彩铅

高光笔和白色彩铅常用来提高画面局部的亮度。一般选用樱花、霹雳马等品牌。

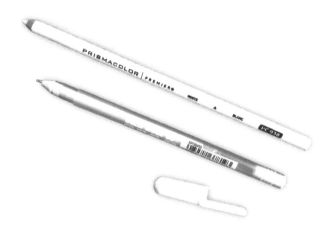

▲高光笔和白色彩铅

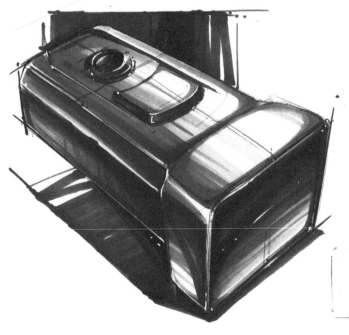

▲▶高光笔、白色彩铅运用效果

（6）马克笔

马克笔的优点在于，它是一种快速、简洁的渲染工具，使用方便而且其颜色保持不变，效果可以预知。在快速表达创意和构思，需要运用大胆、强烈的手法表现时，马克笔是首选的工具。

马克笔分为水性、油性和酒精性的墨水，水性的墨水类似水彩笔的颜色，是不含油性成分的内容物。油性的墨水因为含有油性成分，故味道比较刺激，而且较容易挥发。酒精性马克笔一般是纤维型笔头（扁的），速干、防水，现在比较主流。

常用马克笔品牌：

① 美国 AD（油性、发泡型笔头）：价格昂贵，但效果最好，颜色近似于水彩的效果，每支 16～20 元。

▲美国 AD

② 韩国 TOUCH（酒精性、纤维型笔头）：双头（小头为软笔，效果很好，每支 12～15 元。

③ 日本 Copic（酒精性、纤维型笔头）：由于其快干，因此混色效果好。每支 28～30 元。

▲韩国进口 TOUCH

Copic 马克笔工业设计手绘常用色号：

冷灰系：C1、C2、C3、C4、C5、C6、C7、C8、C9

暖灰系：W1、W3、W5、W7、W9

中性灰系：N1、N3、N5、N7、N9

黑色：100、110

湖蓝色系：B01、B02、B04、B05、B06、B29、B39

钴蓝色系：B21、B23、B26、B18、B29

草绿色系：YG01、YG03、YG05、YG07、YG09、G09、G29

黄橙色系：Y08、Y17、Y38、YR04、YR07、YR09、R29

黄色系：Y11、Y13、Y15、Y21、Y26

▲ Copic

④ 法卡勒（酒精性）：价格合理，但效果很好，颜色近似于水彩的效果，一支在 3.5～5 元左右。

▲法卡勒

暖灰色系		冷灰色系		中灰色系		草绿色系		翠绿色系	
259		267		275		23		227	
260		268		276		24		228	
261		269		277		26		229	
262		270		278		27		48	
263		271		279		30		50	
264		272		280		37			
265		273		281					
266		274		282					
191									

墨绿色系		蓝灰色系		钴蓝色系		湖蓝色系		褐色系	
68		85		239		234		247	
69		86		240		235		168	
70		87		241		236		169	
71		88		242		237		180	
73		89		243		238			

黄色系		橙红色系		橙色系		冷红色系		暖红色系	
1		178		178		137		213	
2		156		160		139		214	
3		140		161		140		215	
4		146		165		146			
5		142				142			
225									
226									

▲法卡勒1代工业设计手绘常用色号色卡

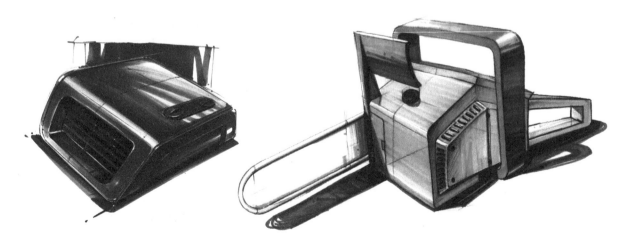

▲马克笔上色效果

2 线稿技法与基础训练

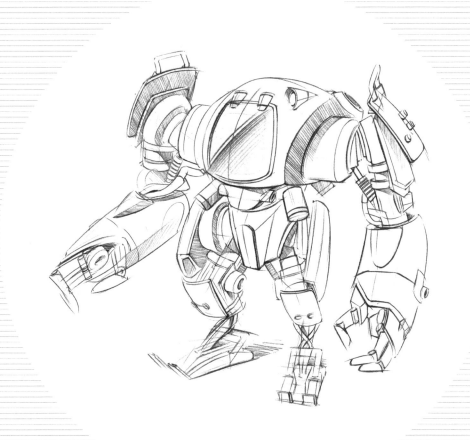

2.1 线条训练

线条是手绘最基本的表现元素,也是最富有生命力和表现力的。因为线条本身是变化无穷的,有长短、粗细、轻重等变化。

不同的线条反映出不同的情感,如线条的曲直可表达物体的动静,线条的虚实可表达物体的远近,不同的线条也能表现不同的质感。

2.1.1 直线

线条最主要的是直线和曲线。以下为大家总结了训练直线线条的常用6大技法:自由直线法、竖直线法、定点直线法、射线法、重合线法和排线法。

(1)自由直线

画直线时需掌握中间实两头虚的特点,且要能够画平行线。

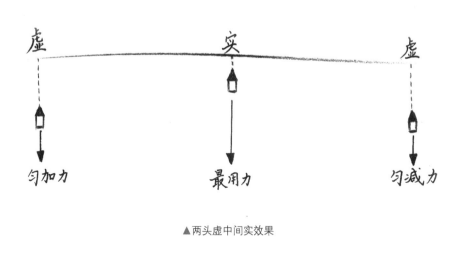

▲两头虚中间实效果

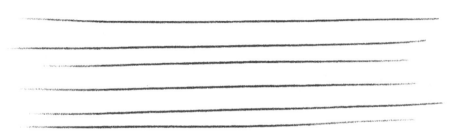

▲横自由直线效果

（2）定点直线

在纸上任意定两点，过两点画直线，需掌握中间实两头虚的特点。

▲定点直线效果

（3）射线

定一点画直线，注意要画平行线。

▲射线效果

（4）竖直线

任意画直线（需把握中间实两头虚的特点），画竖平行线。

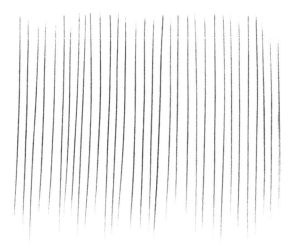

▲竖直线效果

（5）重合线

要注意两条线间的距离始终相同，下笔要自然流畅。

▲重合线效果

（6）拉线（长直线）

这种线条不要求两头虚中间实，用力均匀为好。

▲拉长直线效果

（7）排线

在区域内均匀排布且不出头，注意要画平行线。

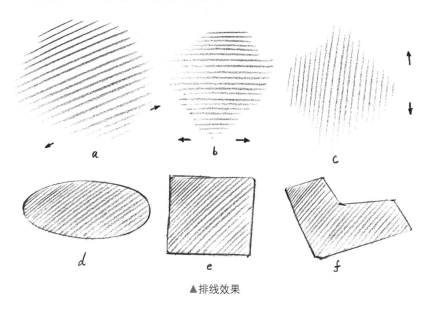

▲排线效果

（8）平行线

要注意两条线间的距离始终相等，并要保持两头虚中间实的特点。这种线常用来表现材质的厚度等。

▲平行线效果

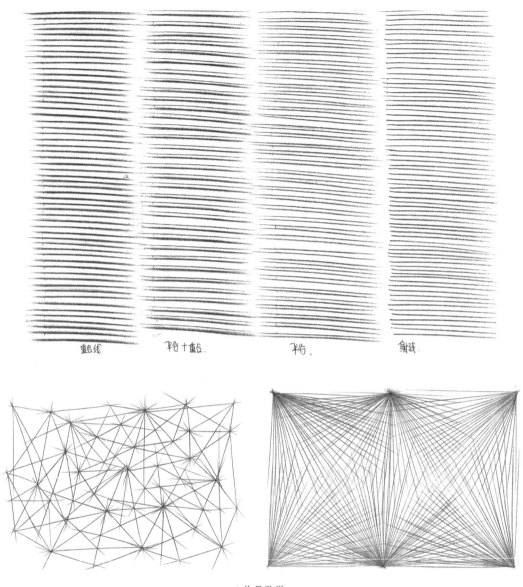

▲作品欣赏

2.1.2 曲线

曲线是学习手绘表现过程中的重要技术环节。曲线使用广泛,且运线难度高,在画线的过程中,熟练灵活地运用笔和手腕之间的力量,可以表现出丰富的线条。

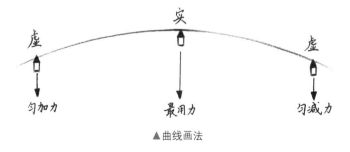

▲曲线画法

（1）自由"S"曲线

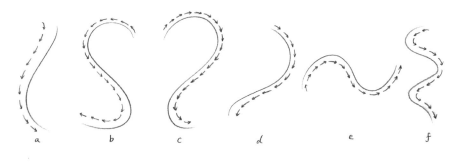

▲自由"S"曲线效果

（2）自由抛物曲线

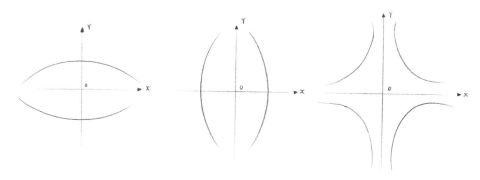

▲自由抛物曲线效果

（3）两点间的曲线

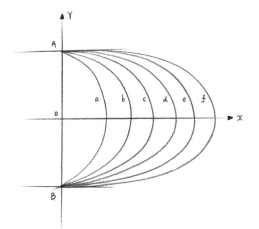

▲两点间的曲线效果

（4）三点间的曲线

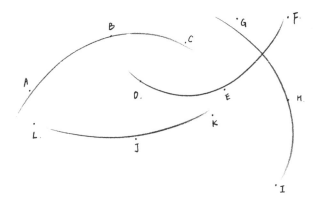

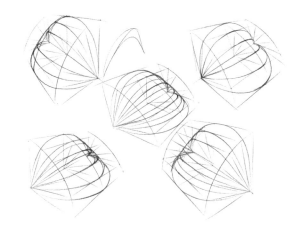

▲三点曲线效果

（5）重合平行曲线

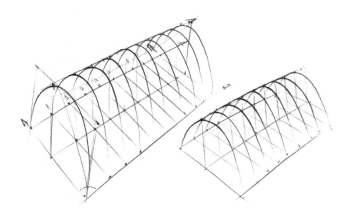

▲重合平行曲线效果

2.1.3 椭圆

当我们从某个角度看圆形时,看到的就是一个椭圆。理解这种椭圆的角度并不难,但要掌握椭圆的绘制方法就不容易了。对于一个椭圆来说,它有两个轴:长轴和短轴。短轴通过最短的路径把椭圆分成两个相等的部分;长轴经过最长的路径,把椭圆分成两个相等的部分。长轴和短轴是垂直相交的。

(1)随意椭圆

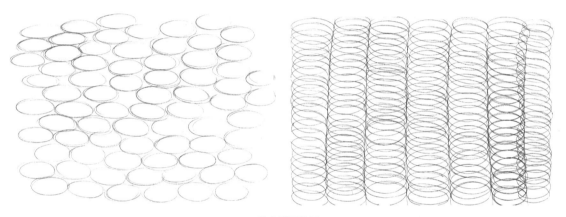

▲随意椭圆效果

(2)透视椭圆

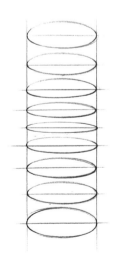

▲透视椭圆效果

（3）两线间的椭圆

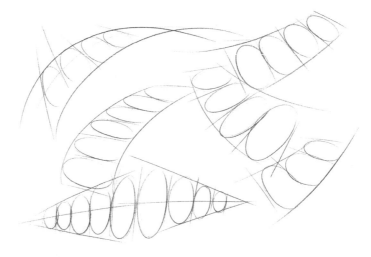

▲ 两线间的椭圆效果

（4）形体上的椭圆

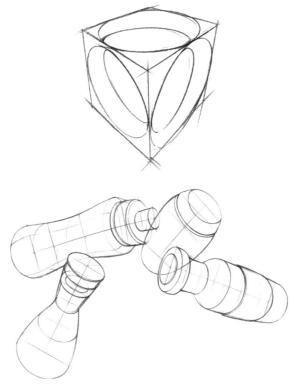

▲ 形体上的椭圆效果

2.1.4 正圆

正圆可以用 4 点定位法来画,圆是由圆弧曲线组成的,定好 4 个点后,再画半圆弧连接各个点。

(1)四点画正圆

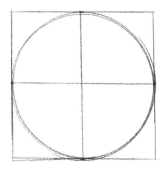

▲四点画正圆效果

(2)自由画正圆

▲自由画正圆效果

2.2 透视基础

"透视"是一种绘画活动中的观察方法,也是研究视觉画面空间的专业术语,通过这种方法可以归纳出视觉空间的变化规律。

客观物体占据的自然空间有一定的大小比例关系,然而一旦反映到眼睛里,它们所占据的视觉空间就并非是原来的大小了。正如一只手与一幢高楼相比微不足道,手在远处几乎观察不到,但若将其向眼前移动，它的视觉形象就会越来越大，最后竟能遮住高楼，甚至整个蓝天，这就是常言所说的"一手遮天"。根据这个规律，我们可以通过玻璃窗子向外观察，外面的景物，或树木、或山峰、或建筑、或人群，都可以在很小的窗框内看到。如果用一个人的眼睛作固定观察，就能用笔准确地将三度空间的景物描绘到仅有二度空间的玻璃面上，这个过程就是透视过程。用这种方法可以在平面上得到相对稳定的、具有立体特征的画面空间，这就是"透视图"。不过，详细地研究透视需要长篇大论，我们画手绘时只需要记住透视的核心原理——近大远小。

常见的透视基本术语：

视平线：就是与画者眼睛平行的水平线。

心　点：就是画者眼睛正对着的视平线上的一点。

视　点：就是画者眼睛的位置。

视中线：就是视点与心点相连，与视平线成直角的线。

消失点：就是与画面不平行的成角物体，在透视中伸远到视平线心点两旁的消失点。

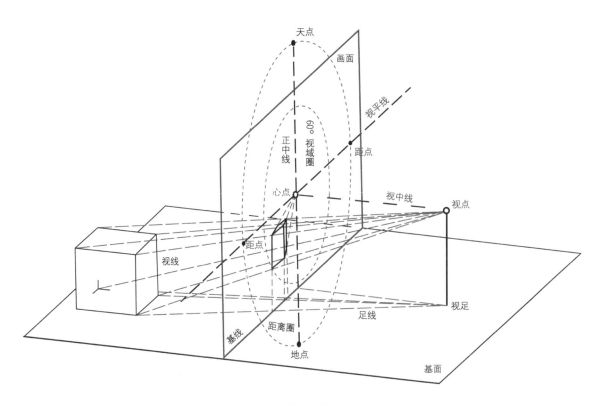

▲透视原理图

2.2.1 一点透视

一点透视又称为平行透视,在透视的结构中,只有一个透视消失点。平行透视是一种表达三维空间的最基本方法,也是学习透视知识和绘制手绘效果图时最为基础的一种透视方法。由于其相对来说比较简便,因此很适合手绘初学者运用。

一点透视原理:当物体的某一基本面与假想平面平行,此时形成的透视关系为一点透视。其特征是与假想平面平行的线的长宽比例不变,只发生近大远小的变化;而与假想平面垂直的线则发生纵深透视变形并向灭点消失,也就是变线。

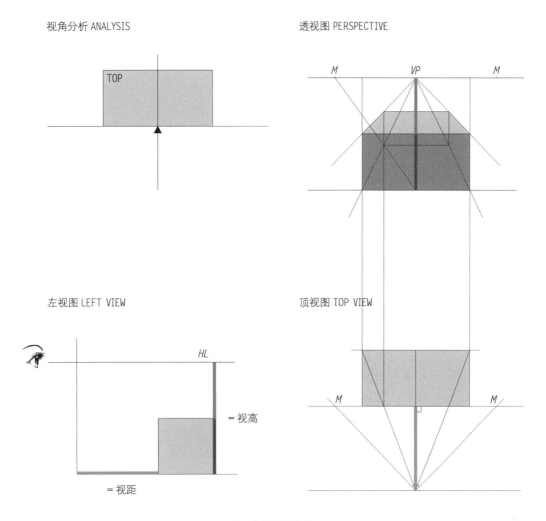

▲一点透视示意图

一点透视常用作图法则：如下图所示，首先画出视平线，然后在视平线下面画出一个方框，在视平线上定出 $M1$（测点）的位置，假设这个方框的边长为 1 个单位，接着在方框的右侧画出 1 个单位的线（AB，BC），连接 $M1$ 和 B 点，这时我们所得出的 $B1$ 点，就是透视中 1 个单位的进深（也就是 $AB1=AB=1$）。最后根据一点透视横线平行、竖线平行的原理，找出方体透视后 1 个单位的面的位置。同理可以推出两个单位的位置 $B1C1$。一点透视中 M 点是随机选取的，但是 M 点的选取跟视距有一定关系，方框超出 M 点太远时会出现透视变形，这跟我们用相机拍摄照片是一个原理，如果视角过大就会产生透视的变形。

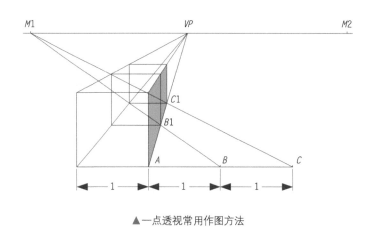

▲一点透视常用作图方法

同理，通过 $M2$ 反向取点也可以绘制出一样的立方体。

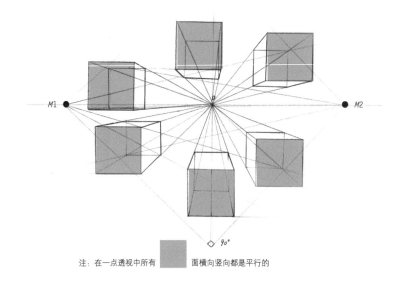

注：在一点透视中所有 ▨ 面横向竖向都是平行的

在日常训练中,可将灭点定于纸面中间位置,消失点定于纸面两端,自行设定物体长宽高后,在纸面上将位于各个空间位置的物体绘制出来。

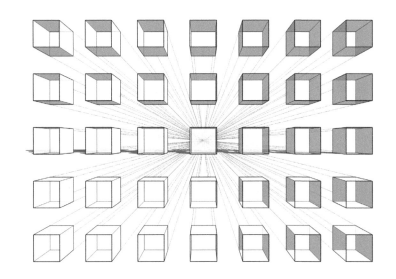

2.2.2 两点透视

两点透视又称为成角透视,有两个透视消失点。成角透视是指观者从一个斜摆的角度,而不是从正面的角度来观察目标物。因此观者能看到各物体不同空间上的面块,亦看到各面块消失在两个不同的消失点上。这两个消失点皆在视平线上。

视角分析 ANALYSIS

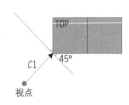

透视图 PERSPECTIVE

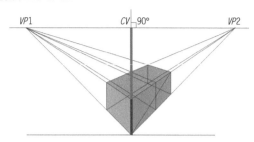

左视图 LEFT VIEW

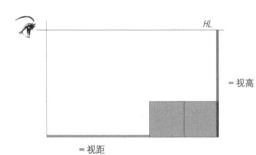

顶视图 TOP VIEW

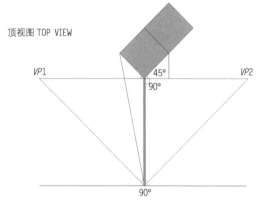

▲ 两点透视示意图

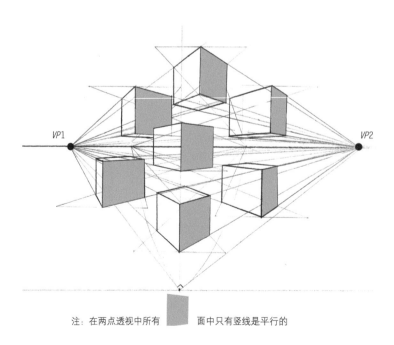

注：在两点透视中所有面中只有竖线是平行的

两点透视常用作图法则：根据两点透视原理，先画一条视平线以及方体的一条真高线（真高线取1个单位），然后在真高线的右侧画出 AB、BC（2/3个单位），在视平线上画出 VP1、VP2、CV 三个点。根据透视原理画出真高线的透视方向线，即分别连接真高线的两个端点与 VP1、VP2 两点。连接 CV 和 B 两点，与透视方向线相交于 B1 点。根据两点透视原理和两点透视竖线平行原则画出其他透视线。

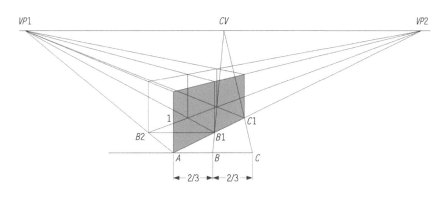

▲两点透视常用作图方法

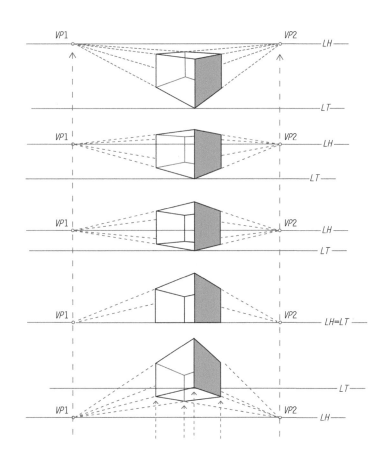

两点透视的任意角度记忆练习：两点透视中的 45° 视角是比较好掌握的角度，但 45° 视角并非适用于所有产品的手绘表现，这就需要我们能大致熟悉并掌握简单几何体不同视角的基本透视变化规律。在训练时可以以 45° 视角为参考，对其进行变化得到我们需要的表现角度。

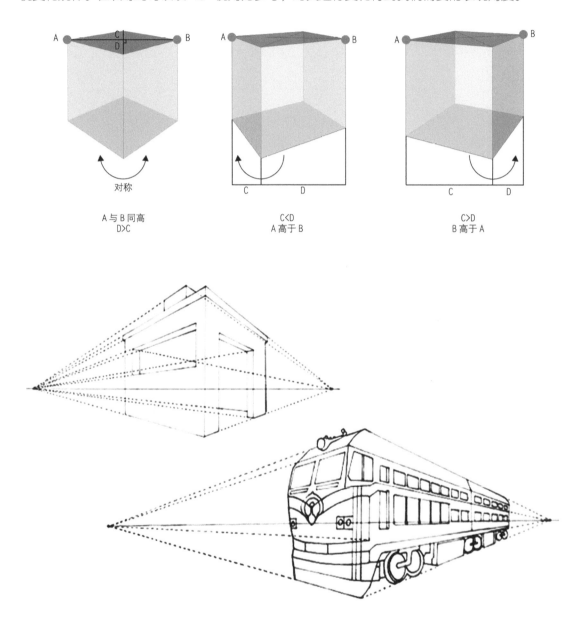

两点透视相对于一点透视来说，有一定的优势。两点透视的空间交错，能够突出环境与物体的关系，更好地衬托出主体物，使构图形式感丰富，有利于画面的表现。

2

线稿技法
与基础
训练

029

2.2.3 三点透视

三点透视又称为斜角透视，是在画面中有三个消失点的透视。此种透视的形成，是因为景物没有任何一条边缘或面块与画面平行，相对于画面，景物是倾斜的。当物体与视线形成角度时，因立体的特性，会呈现往长、宽、高三重空间延伸的块面，并消失于三个不同空间的消失点上。

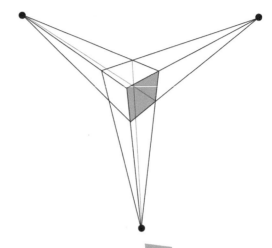

注：在三点透视中所有 面两侧不是垂直的

▲三点透视示意图

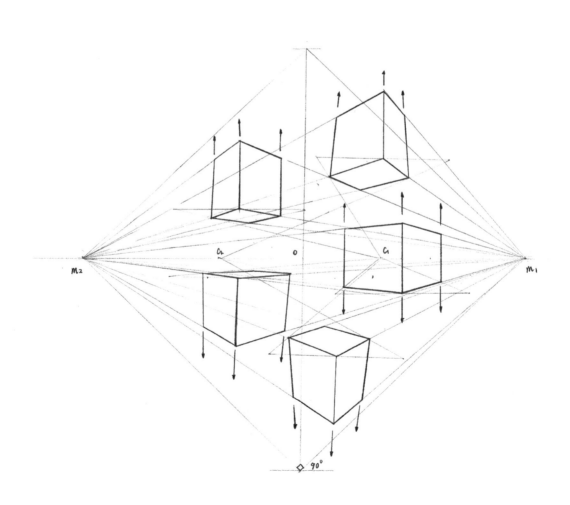

三点透视常用作图法：

① 先用尺规画一个正圆，定圆的圆心为 A 点，由 A 画三条各相距 120° 的线，在圆周交点为 V1、V2、V3，并定 V1V2 为视平线。

② 在 A 的透视线 AV2 上任取一点为 B。

③ 由 B 点作视平线的平行线，与 AV1 的交点为 D；连接 B 和 V1 点，与 DV2 交于点 C，正方体的顶面 ABCD 面完成。

④ 在 AV3 上确定点 A1 的位置，（AA1 长度与 AB 和 AD 均相等）；连接 A1、V1，与 DV3 交于点 D1；连接 A1、V2 与 BV3 交于点 B1。

⑤ 连接 B1、V1，与 D1V2 交于点 C1，正方体的三点透视图就完成了。

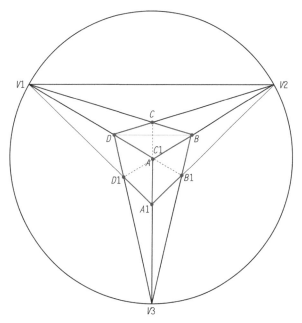

▲三点透视常用作图方法

2.3 形体穿插

工业/产品造型中，形体穿插是最常见的造型组合形式，在深入了解了基本几何形体的透视原理后，我们要多练习基本体之间穿插会呈现什么样的变化。一般先画立着形体的形态，再确定横着形体的形，这样比较容易抓准对象的整体形。画的过程中要注意两形体之间的结构穿插关系，不可一块面一块面地去拼凑着画；还要考虑好两个形体的穿插角度和每个块面的透视变化，在画结构的时候，注意形体之间的透视关系。

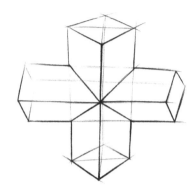

▲方体与方体穿插原理图

方体与方体穿插

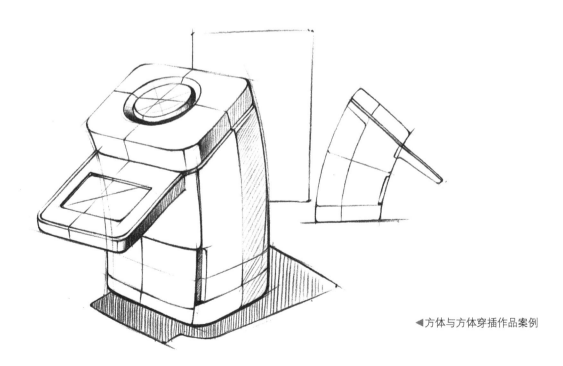

◀方体与方体穿插作品案例

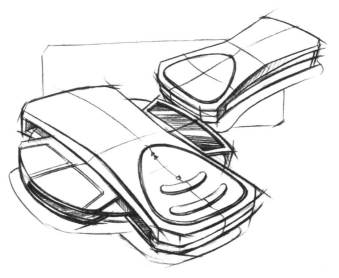

▲方体与方体穿插作品案例

方体与圆柱穿插

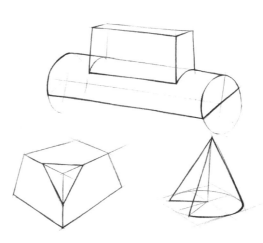

▲方体与圆柱穿插原理图

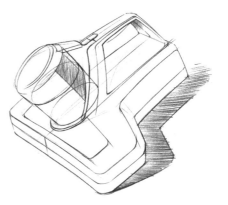

▲方体与圆柱穿插作品案例　　　　　▲方体与圆柱穿插作品案例

圆柱与圆柱穿插

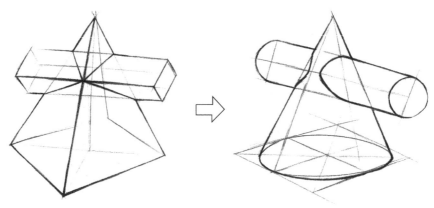

▲圆柱与圆柱穿插原理图

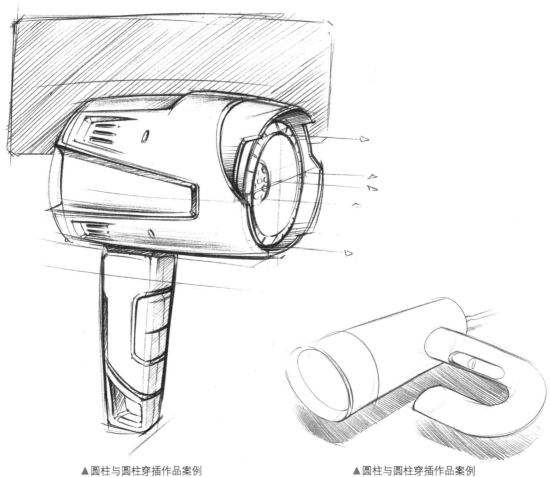

▲圆柱与圆柱穿插作品案例　　　　　　▲圆柱与圆柱穿插作品案例

2.4 明暗投影关系

明暗关系，是绘画的基本功之一。手绘中合理、协调的明暗关系，能使画面的局部和整体更加和谐统一，画面的整体感更加强烈。投影是背光体系中的一部分，是指物体经过照射后形成的阴影向环境的关联性再投射。掌握好明暗投影关系更有助于表现画面的体量感、质感，有助于体现画面的空间感、层次感。

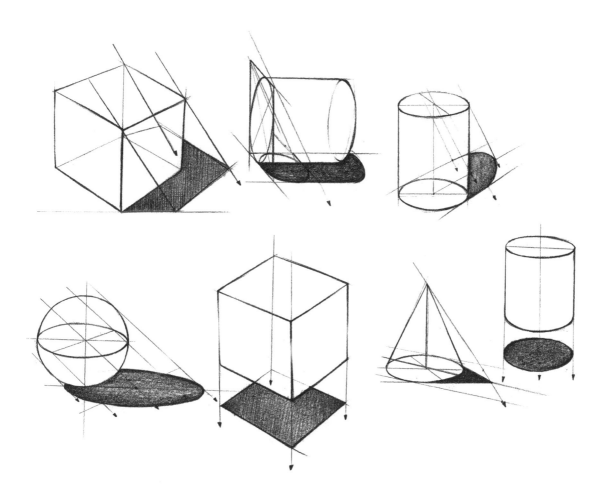

产品设计
手绘技法
快速入门：
从 0 到 1
的蜕变

036

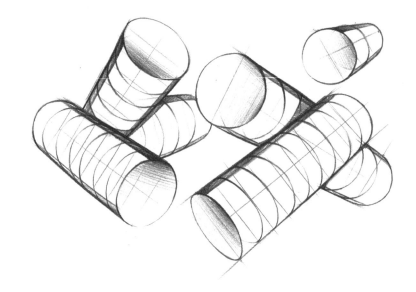

2.5 产品手绘"绘模成型"四大基本方法

2.5.1 切割法

切割法是最基本的产品手绘方法，是初学者画简单形体的常用方法。

切割法适用于打印机、洗衣机、冰箱、CD 机等产品的绘制。

切割法具体步骤如下：

第一步：画出透视框，确定整体的长宽比例。

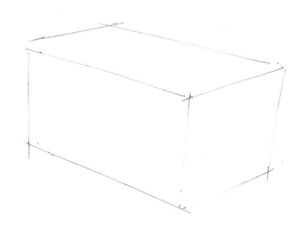

第二步：对外框进行切角、倒角等绘制。

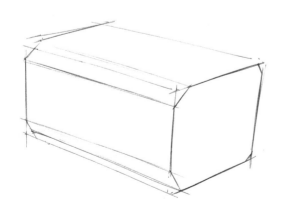
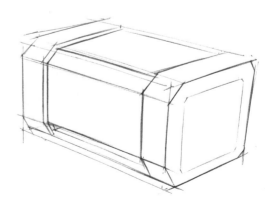

第三步：画出产品功能结构及细节。

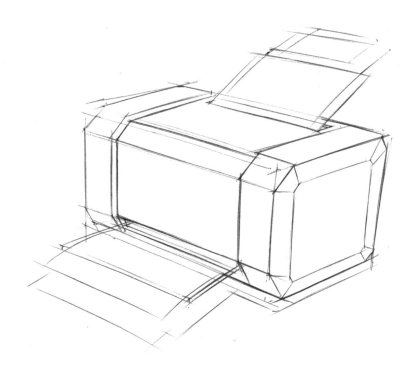

第四步：进一步完善产品的细节，注意保持透视准确。

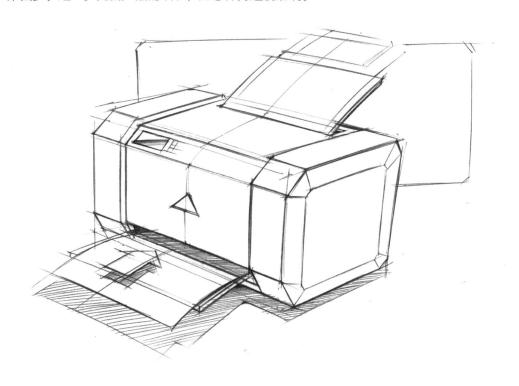

切割法作品欣赏

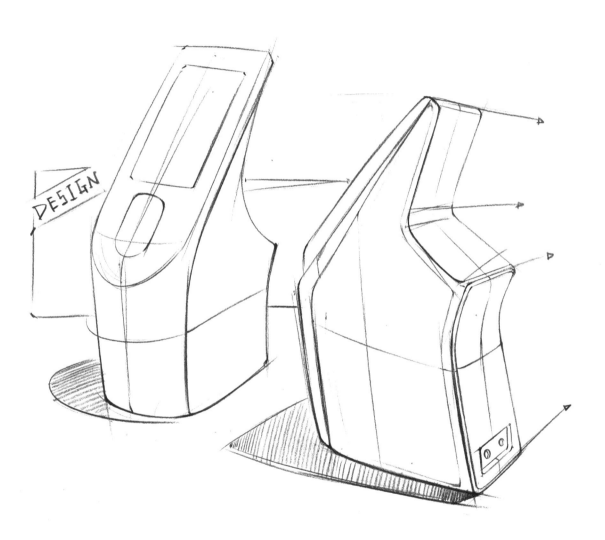

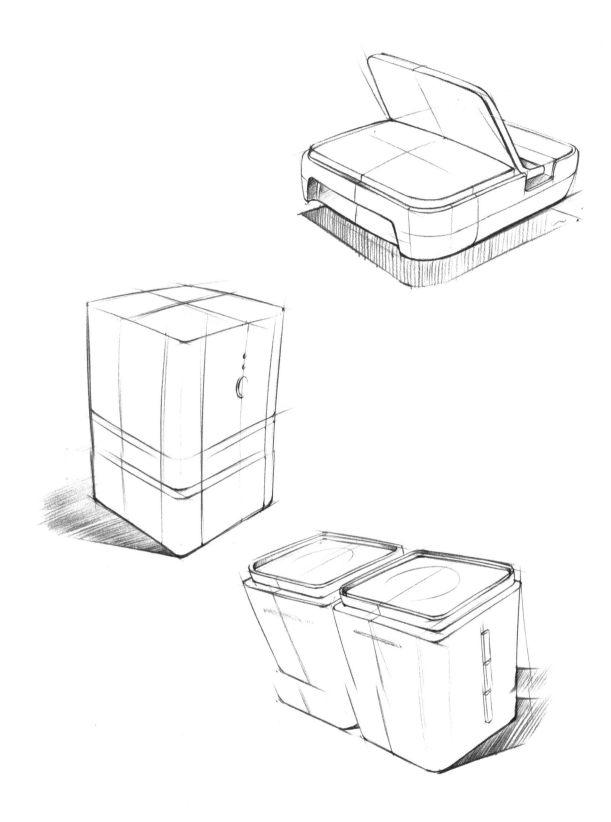

2.5.2 中线定位法

中线定位法适合用于 80% 以上的产品绘制,因为大部分产品都是对称的。人生来就把对称当作一种美,所以设计者在对产品进行设计时往往采用对称的造型结构。

中线定位法适用于对称造型产品(复杂和简单产品都适用),例如:吸尘器、交通工具等。

中线定位法步骤如下:

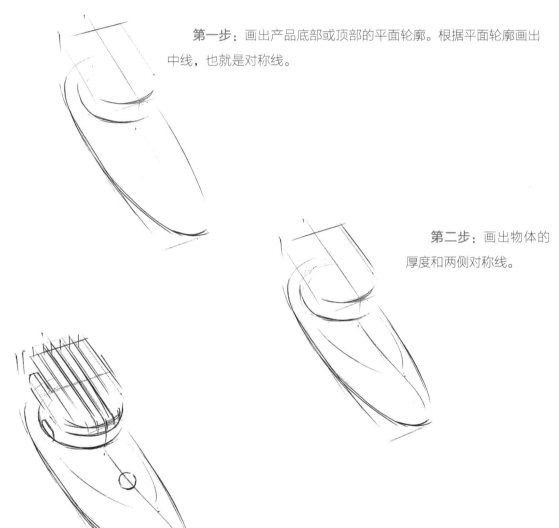

第一步:画出产品底部或顶部的平面轮廓。根据平面轮廓画出中线,也就是对称线。

第二步:画出物体的厚度和两侧对称线。

第三步:根据对称线,画出物体形态的基本构成部分。

产品设计
手绘技法
快速入门：
从 0 到 1
的蜕变

042

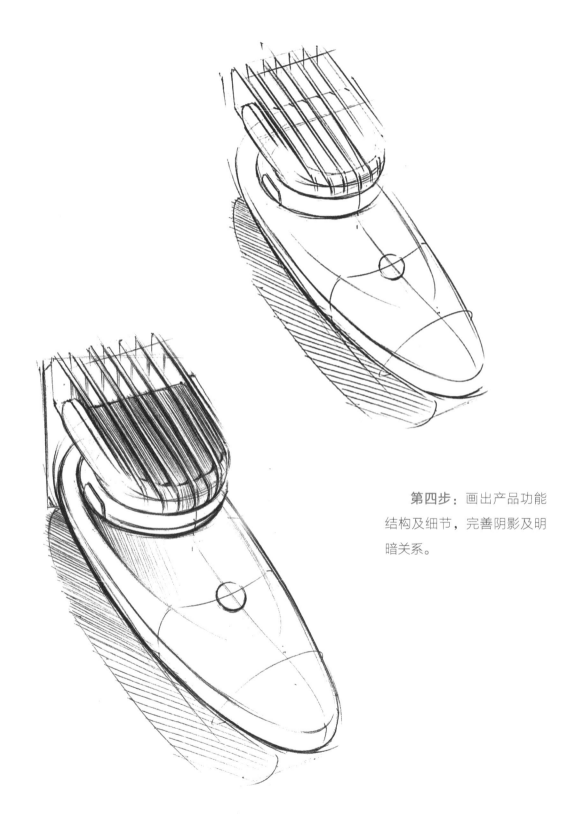

第四步：画出产品功能结构及细节，完善阴影及明暗关系。

中线法作品欣赏

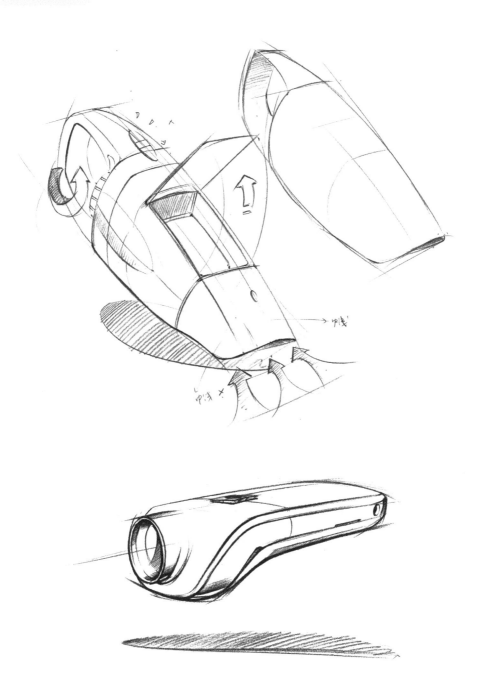

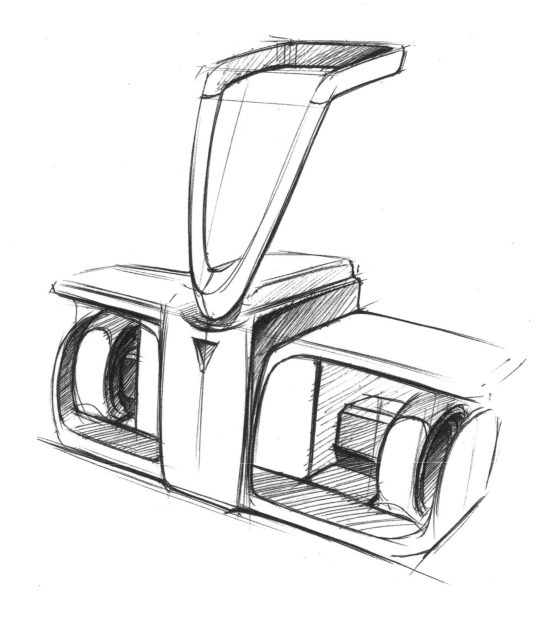

2.5.3 截面法（切片法）

截面法适合绘制高低起伏或形状多变的产品，基本思路就是将一个形态进行片状切割，把竖向切割的面和横向切割的面提取出来，然后组成网状结构，建立产品的形态骨骼，最后进行局部细化。

截面法适合已经在脑海中有一定形态或临摹具体图片时运用，在草图设计阶段不太适合。建议可以先用草图绘制出产品的基本形态，然后运用截面法进行多角度推敲或局部细节的形态推敲。

截面法步骤如下：

第一步：画出产品高低变化、不同大小的截面，如是对称造型还可定出中线。

第二步：用两侧外轮廓线把多个截面连接起来（像一个灯笼的骨架）。

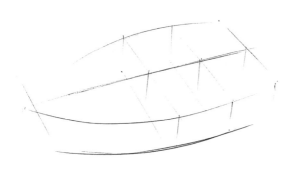
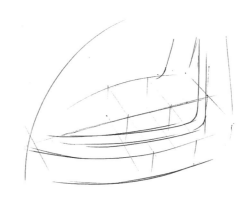

第三步：在轮廓线之内继续多画出几个截面，根据截面找到产品结构的位置，画出产品的大致形态。

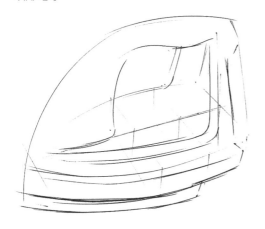

第四步：画出产品细节，完善明暗和背景关系。

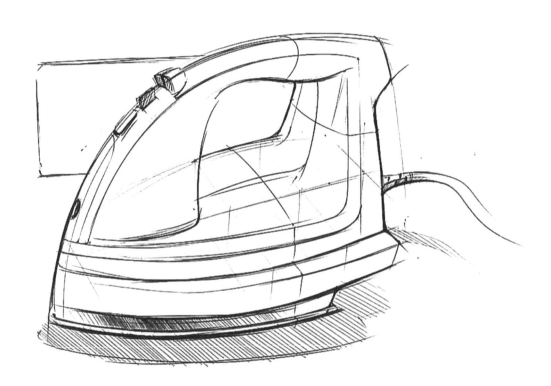

截面法作品欣赏

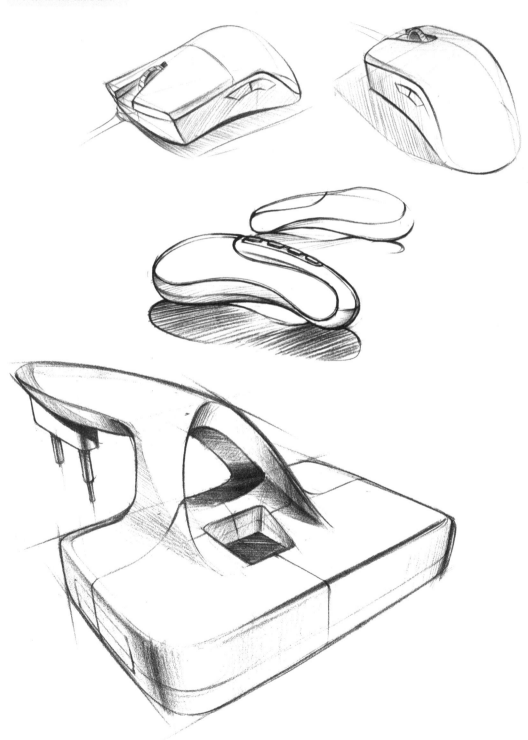

2.5.4 打格定位法

打格法是一种把平面变立体的方法,此方法适合初学者画复杂形体时使用,尤其是比例把握不准时。但是此方法也有其弊端,只适用于产品透视角度不大时使用,一般在 0°~30° 范围内。

打格定位法适用于细节偏多的复杂形体。

打格定位法步骤如下:

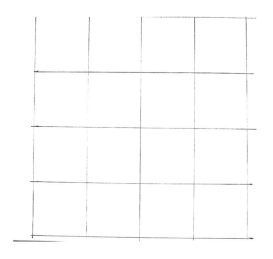

第一步:根据找到的产品照片,分析其长宽比例关系,并画出等距分格。

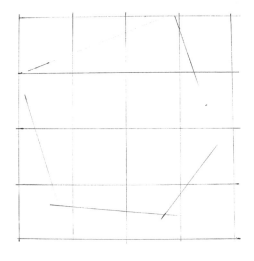

第二步:在等距分格内画出产品的外轮廓。

第三步: 画出产品的透视方向,进而画出产品的大致结构和基本形态。

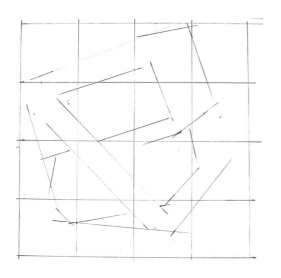
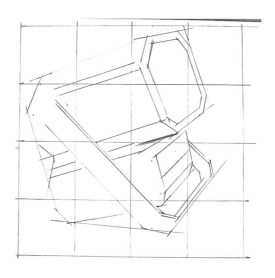

第四步: 完善产品细节与明暗阴影关系。

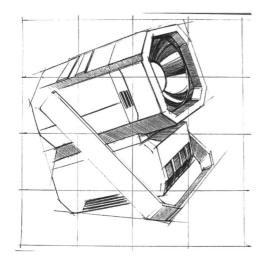
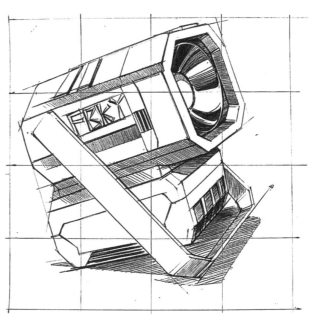

打格定位法作品欣赏

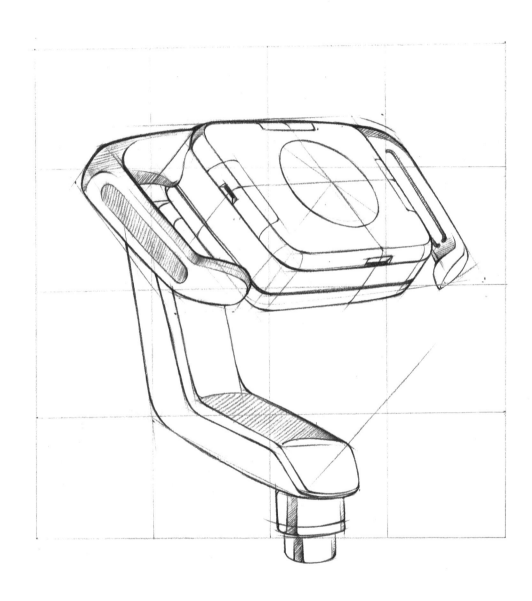

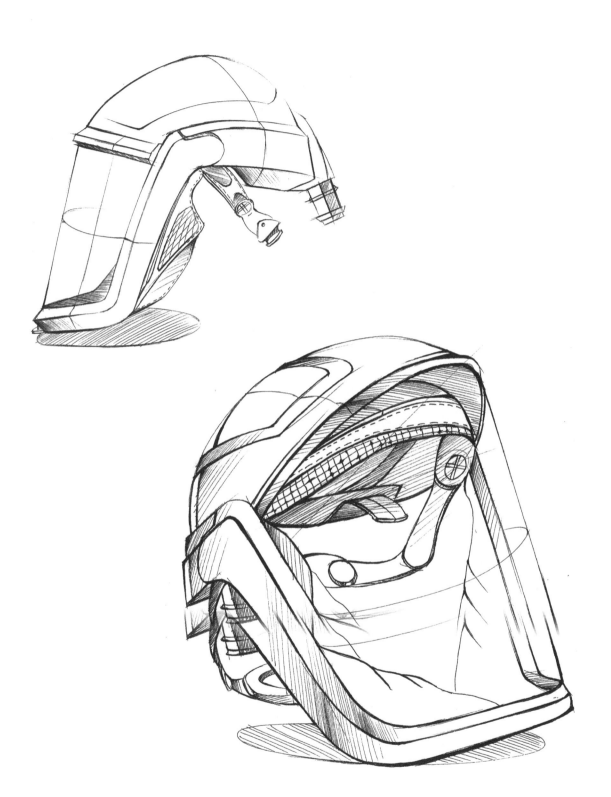

2.6 线稿作品欣赏

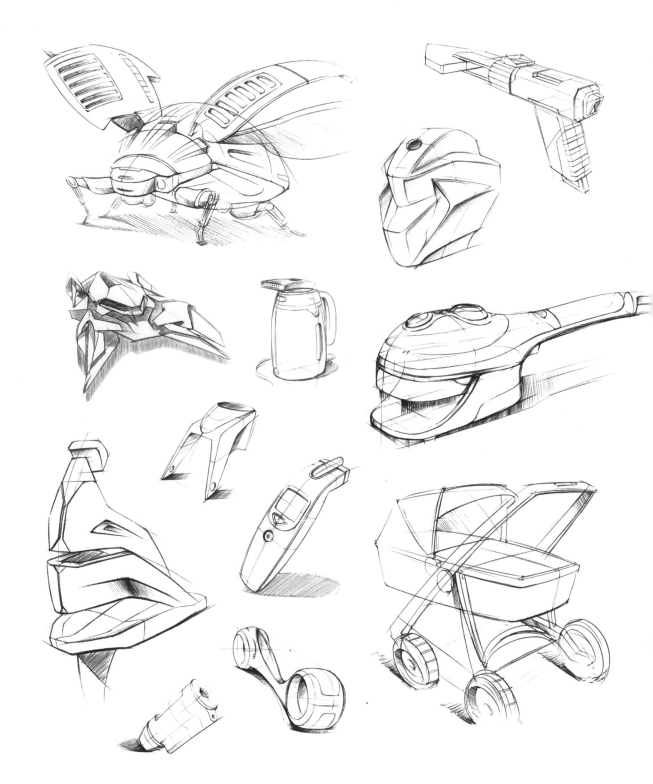

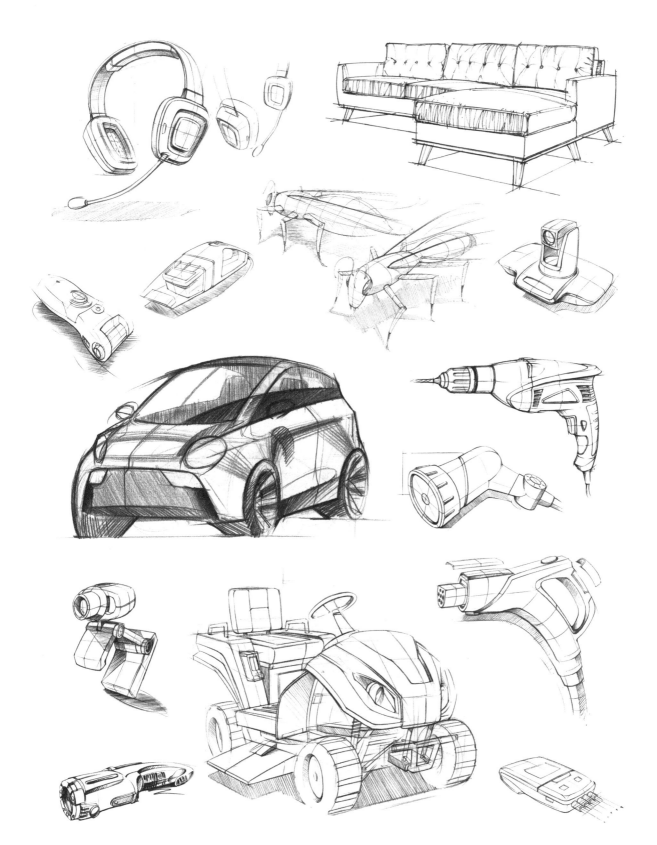

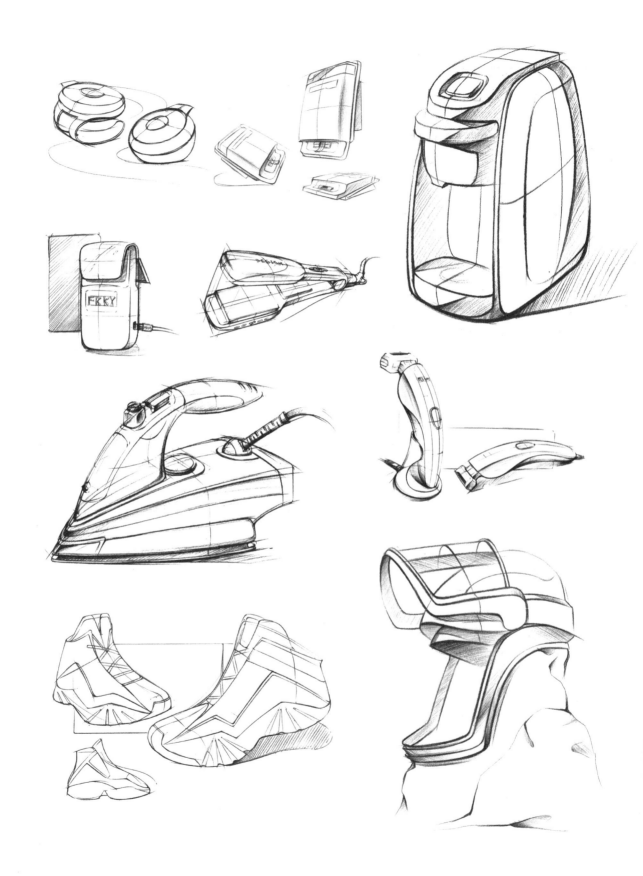

3 马克笔上色技巧

对于学习工业设计/产品设计手绘的人们而言，马克笔绝对是相当熟悉的。在手绘中，马克笔是最基本的绘制工具之一。马克笔又称麦克笔，通常用来快速表达设计构思，以及设计效果图之用，是一种速干、稳定性高的绘画工具。马克笔快干、耐水，而且耐光性相当好，颜色多次叠加也不会伤纸。马克笔色泽清新、透明，笔触极富现代感，使用携带方便，受到设计师和手绘爱好者的青睐。

3.1 马克笔用法

3.1.1 平行排笔法

平行排笔法就是沿着一个方向进行排笔，可以水平方向、竖直方向或斜方向。在排笔时注意握笔的手要稳，一笔接一笔向后移动。移动过程中可以笔笔相连，也可以在中间留出空白，这样画出来的效果有密有疏，有主有次，既统一又有变化。

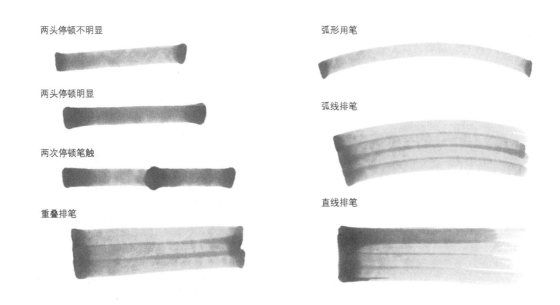

方块内平铺笔触

弧形扫笔

双线内排笔

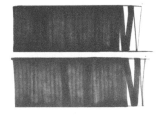

3

马克笔
上色技巧

3.1.2 叠加排笔法

叠加排笔法是深入表现中运用较多的方法，在浅色中表达出物体的明暗及阴影效果就要叠加重复排笔，加入重色体现物体的立体感。

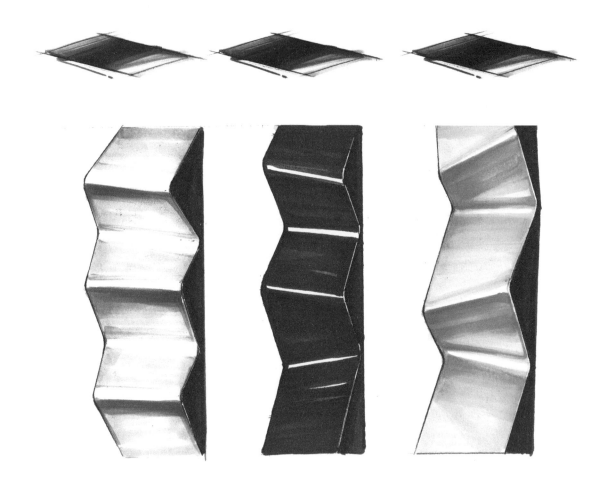

3.2 简单形体上色

简单形体上色的时候要注意颜色的渐变和颜色的层次感。立体图形的摆放都会产生阴影，阴影的位置主要取决于光线的位置。绘画过程中阴影部分的上色是必不可少的，这样才可以衬托出这组立体图形的逼真感。上色的时候每部分线条的走向都要一致，不可以乱画乱上色，适当留白，这样可以体现出受光的感觉。

3.2.1 方体

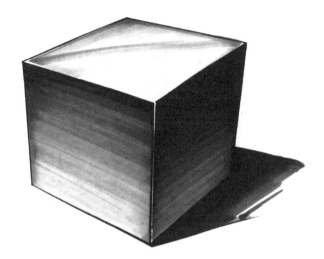

▲基本方体上色示意

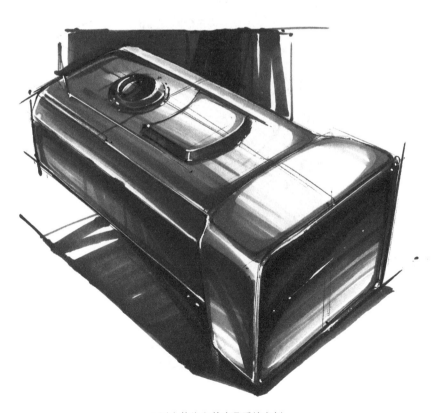

▲以方体为主的产品手绘案例

3.2.2 圆柱

▲基本圆柱上色示意

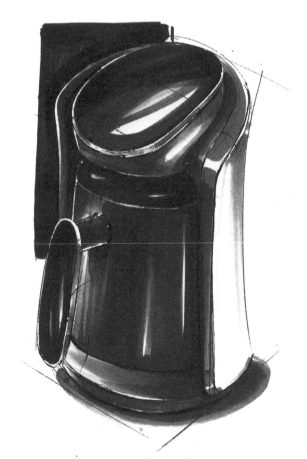

▲以圆柱体为主的产品手绘案例

3.2.3 圆锥

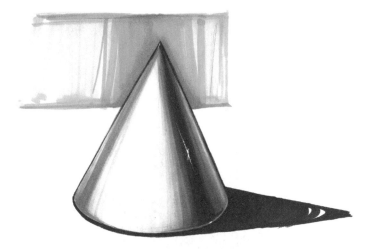

▲基本圆锥上色示意

▲以圆锥体为主的产品手绘案例

3.2.4 球体

▲基本球体上色示意

▲以球体为主的产品手绘案例

3.3 不同材质的上色技巧

材质可以看成是材料和质感的结合，简单地说就是物体看起来是什么质地。在渲染中，它是表面各个可视属性的结合。这些可视属性是指表面的色彩、纹理、光滑度、透明度、反射率、折射率、发光度等。材质是产品手绘中非常重要的内容，更侧重色彩和纹理的表现。

3.3.1 塑料材质

塑料材质是所有材质里最为多变也是最为常见的材料。塑料的多种性能决定了其在生活、工业中的用途，随着技术的进步，对塑料的应用也越来越广泛。

塑料材质是手绘中常用到的材质之一，塑料给人的感觉较温和，反光比金属弱，高光强烈。绘制塑料材质时主要注意其与金属材质的不同物理特性。

注意：塑料材质一般反光弱于金属材质，色彩较金属材质更加丰富多样。一般具有较强反光，交界线一般比较明显，绘制时应注意留白。塑料材质的高光一般也较强，在绘制时注意高光点大小的变化。

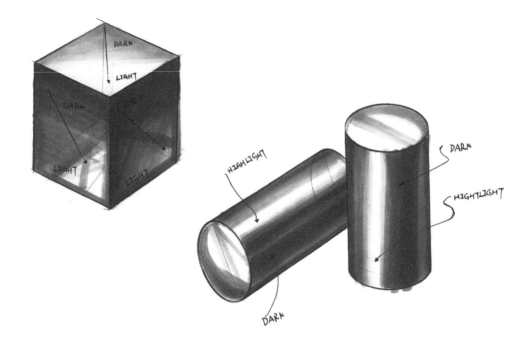

▲塑料材质的单色表现

▲塑料材质产品手绘案例1

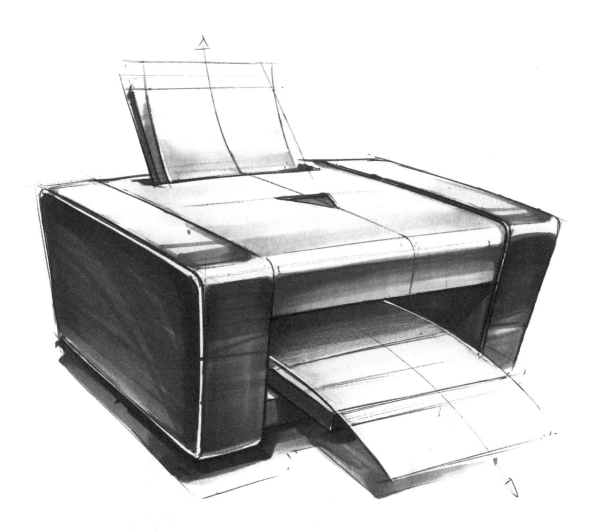

▲塑料材质产品手绘案例 2

3.3.2 金属（不锈钢）材质

金属材质是工业设计中非常重要的一种表达材质。金属是一种具有光泽（即对可见光强烈反射）、富有延展性、容易导电、导热等性质的物质。

以镜面反射为主的金属材质表达，主要体现精确的、光洁的表面，因而呈现的是高贵、简洁、精致的设计感。在具体应用的时候要么是锃亮的不锈钢表面，要么就是金属镀铬的表面处理工艺，主要应用于卫浴、餐具、耳机及汽车的一些装饰件等工业产品上。

带有漫反射（亚光磨砂）或具有拉丝质感的金属（金属喷砂或钢丝粗砂纸打磨），则没有镜面效果的金属那么炫目张扬，更多的是内敛、厚实等质感。它们看上去更有手工制作的味道，常用于把手、灯具、耳机设计等。亚光的漫反射金属材质相比镜面质感的金属材质，看上去更加稳重可靠，另外，亚光的金属看上去没有那么容易弄脏。

注意：金属材质是手绘中常用到的材质之一，金属材质的特点是高反光、强对比。

绘制金属材质时主要注意高光和留白。金属材质一般具有强反光，因此其交界线一般比较明显，材质反光越强则灰面越少，留白越多。

不同曲面的金属反射效果不同，马克笔在表达的时候要根据曲面来上色。下面这组金属球体的高反射光影，是一种真实户外场景的概括。可以看到，实景图中的景物根据地平线来划分，上部有天空，中部有建筑，所以在金属球体交界处会有起伏变化，现实中的金属材质反影也是如此。我们在进行快速表达时，通常会选择忽略地平线上的小起伏，直接以直线表达。

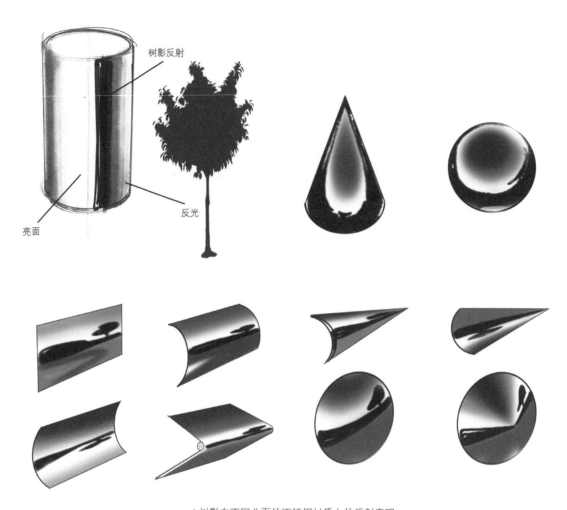

▲树影在不同曲面的不锈钢材质上的反射表现

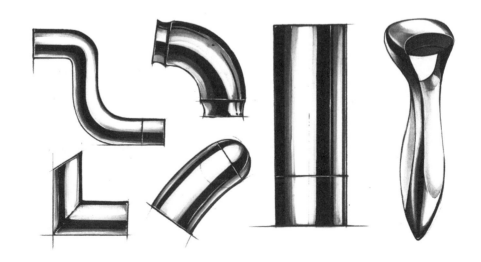

3

马克笔
上色技巧

3.3.3 玻璃、透明材质

玻璃有石英玻璃、硅酸盐玻璃、钠钙玻璃、氟化物玻璃、高温玻璃、耐高压玻璃、防紫外线玻璃、防爆玻璃等。玻璃在常温下是一种透明的固体，在熔融时形成连续的网络结构，冷却过程中黏度逐渐增大并硬化。玻璃被广泛用于建筑、日用、医疗、化学、电子、仪表等领域。

注意：玻璃的透明度和反光较强，因此在刻画时应注意表现出玻璃的厚度和反光。另外如果玻璃材质是彩色的，那么其阴影也应略微带有色彩。

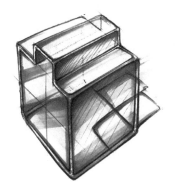
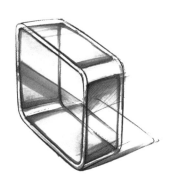

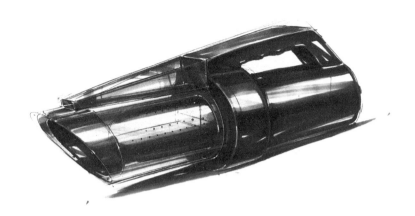

3

马克笔
上色技巧

073

3.3.4 木质材质

在工业设计中运用最多的一般是实木、刨花板、高密度纤维板、三聚氰胺板、夹板（胶合板）、装饰面板。在工业设计中，一般只是借用木质的质感，主要用木质的纹路和肌理呈现产品的档次，因此在绘画时只需要在绘制基本光影的基础上加入木质的纹路即可。

注意：在绘制木材材质时要针对不同的产品、不同的用途采用不同的刻画方式。一般实际产品中粗糙的木材较少，表面上漆的木材较多，且纹理种类丰富。

另外，在刻画细节纹理时要注意两个面之间的纹理过渡，应看上去像同一木材的纹理。

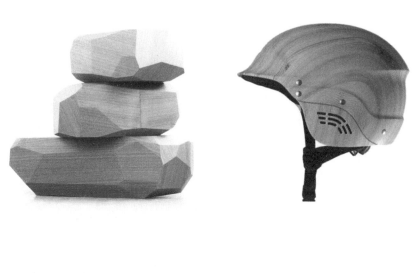

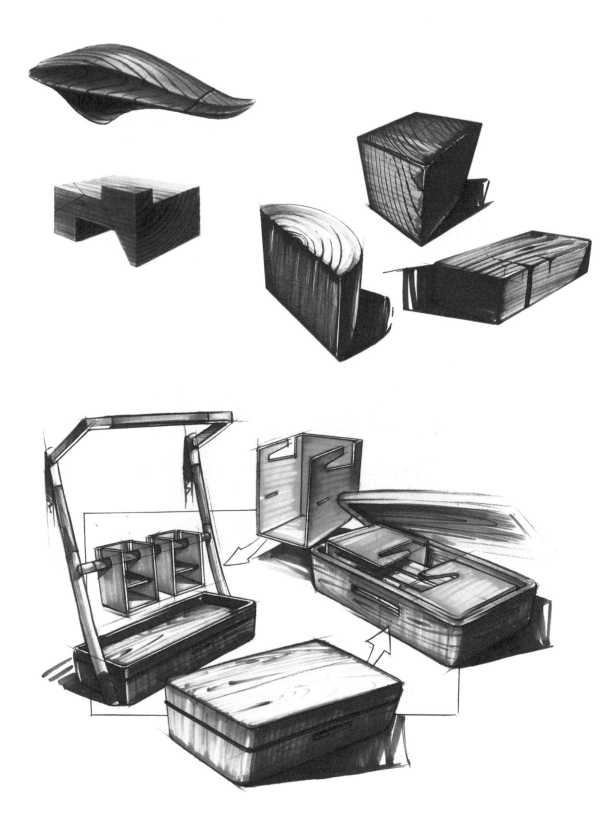

3

马克笔
上色技巧

075

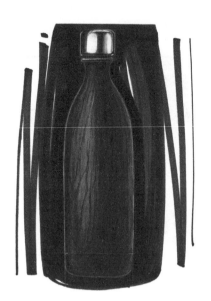

3.3.5 橡胶材质

橡胶与硅胶属于工业设计中的软性材料,色彩相当丰富,属于漫反射材质,因此在手绘中表现的是相对均衡、缓和的色彩光影。在这些产品的边缘多是圆润的倒角,不像金属或塑料那样有硬朗的边缘折边。在实际工业产品应用中,橡胶往往与塑料结合,通过二次注塑实现类似电动工具手柄上软硬结合的感觉。

注意:橡胶材质属于弱反光材质,在手绘中一般不勾高光边和点高光点。交界线也相对比较模糊,整体感受比较柔和,用笔应多次反复,使其晕开,笔触感减弱。

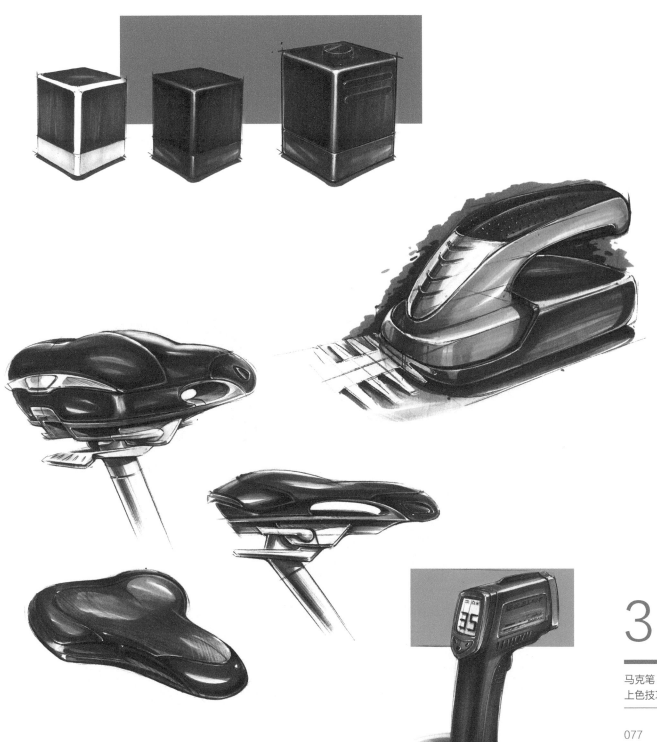

077

3

马克笔
上色技巧

3.3.6 皮革材质

皮革材质也是工业设计中的常用材质，例如：皮革沙发、背包、手套、皮革公文包、皮革装饰等。皮革一般为软质面材，表面有自然的纹理，因此在绘制皮革材质时要注意纹理的走向和大小。

注意：皮革材质主要分为亚光和亮光两种，针对不同亮度绘制时应注意高光的大小以及反光面的大小。另外，绘制皮革的纹理时要注意近实远虚，初学者往往执迷于刻画细节而忽略整体的表达。

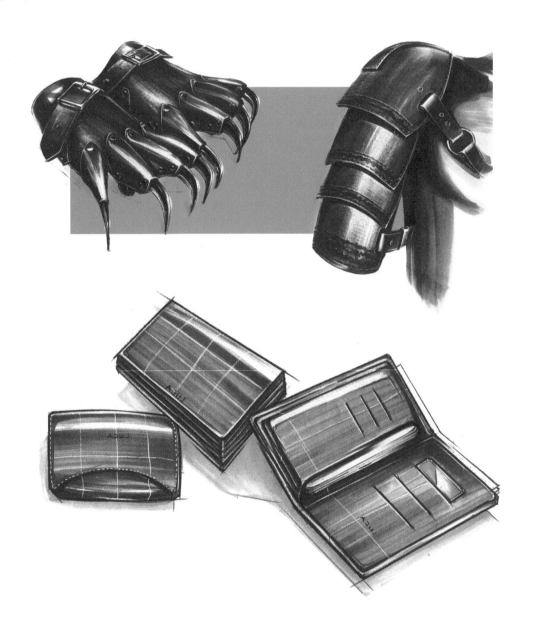

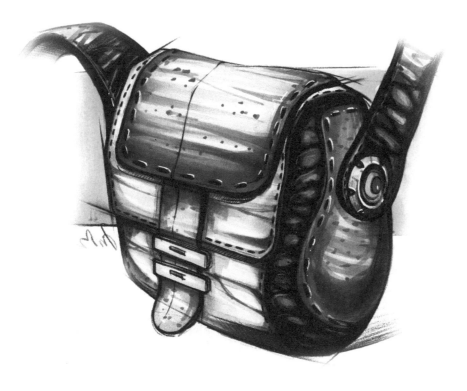

3

马克笔
上色技巧

3.4 马克笔效果图表现精讲

3.4.1 上色步骤范例

3.4.1.1 几何形体上色步骤图

用一到两支马克笔塑造出几何单体的明暗关系、黑白灰关系是练习马克笔上色初期的基本练习方法。用笔及颜色的轻重、笔触叠加的次数都直接影响到画面的表达效果。几何形体的笔触排列要按照透视变化来，一般在物体的受光面或发光面，笔触更加明显。另外要注意体块和体块之间的联系，还有投影的变化。

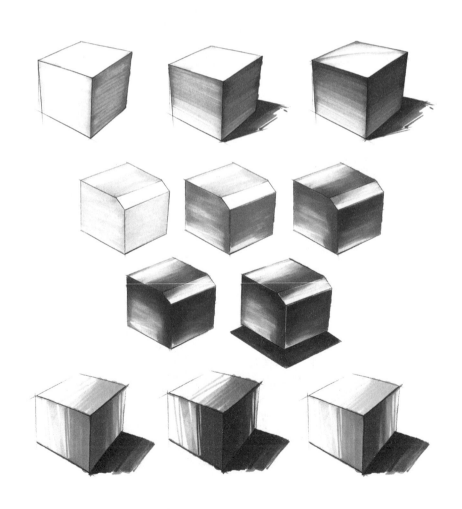

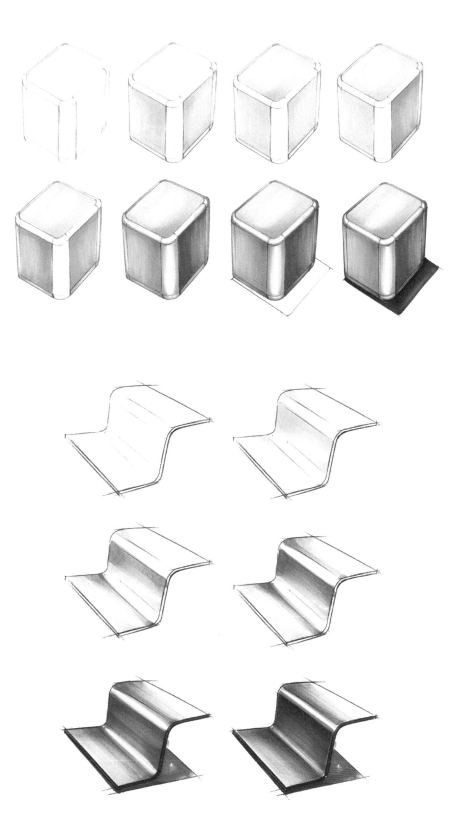

3

马克笔
上色技巧

081

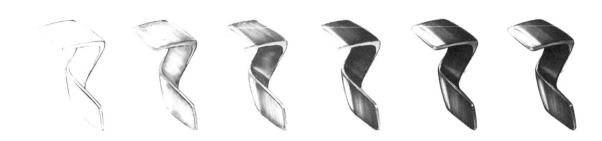

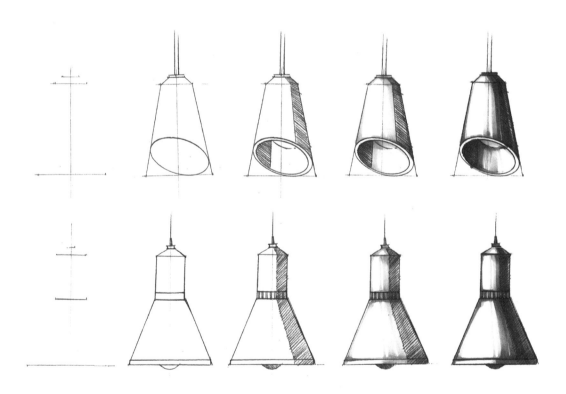

▲几何形体产品的上色步骤 1

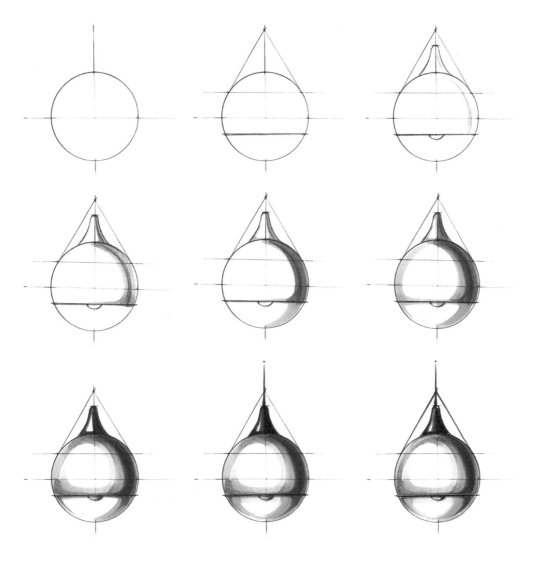

▲几何形体产品的上色步骤 2

马克笔
上色技巧

3.4.1.2 复杂产品上色步骤图

（1）咖啡机和面包机

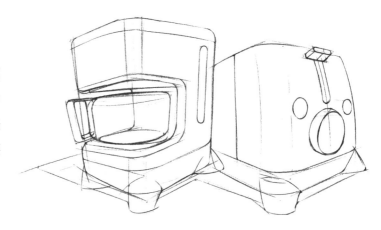

第一步：画出咖啡机与面包机的手绘线稿，起稿过程中应尽量保证透视正确，线条清晰，注意画出产品的主要特征。

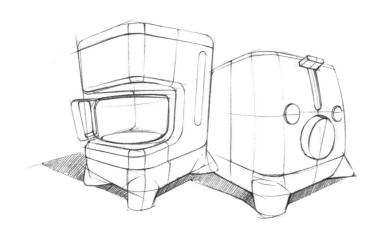

第二步：进一步加重产品线条的虚实对比，细化手绘产品细节，并画出产品的投影和产品的结构线，确定产品的光影关系。

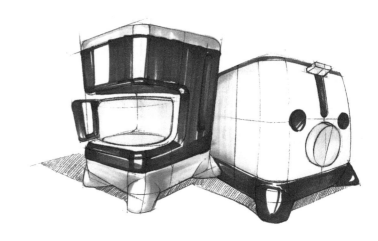

第三步：使用红色和冷灰色马克笔均匀铺上一层底色，注意留出产品的基本光影关系。此时，留白可以多一些，拉开产品的黑白灰关系。

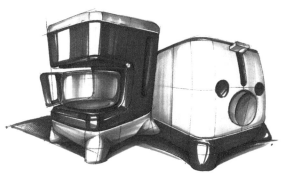
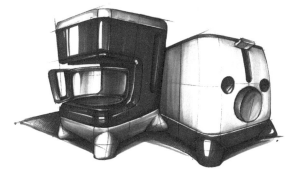

第四步：使用色号更深的灰色与红色马克笔在暗部和明暗交界线位置铺上颜色，加重色彩的明暗对比，进一步塑造产品的体量感。然后用马克笔画出产品的投影，在画阴影时要注意光源方向并做好过渡。

第五步：刻画产品的细节，把塑料部分的质感和玻璃部分的质感表现出来，同时进一步深入塑造产品的体量感和虚实对比。

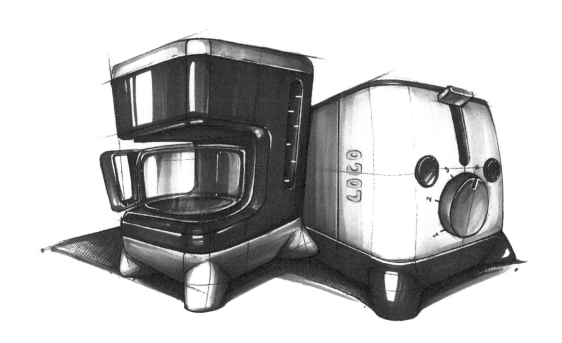

第六步：整理一下产品的线条，丰富产品的细节与质感。使用白色彩铅画出咖啡机测量部分的刻度尺寸，然后在面包机身上画上英文字母以及旋钮刻度标尺等细节。

（2）电钻

第一步：画出手电钻的侧面线稿，起稿过程中应尽量保证透视正确，线条清晰，注意画出产品的主要特征。

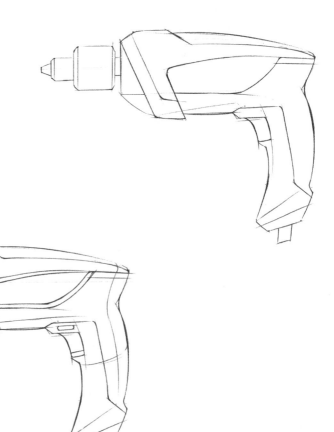

第二步：进一步加重产品线条的虚实对比，细化手绘产品细节，并画出电钻的按钮等细节。画出产品的结构线。

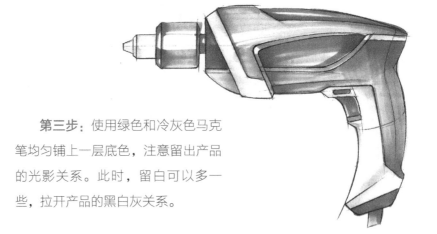

第三步：使用绿色和冷灰色马克笔均匀铺上一层底色，注意留出产品的光影关系。此时，留白可以多一些，拉开产品的黑白灰关系。

第四步：使用色号更深的灰色与绿色马克笔在暗部和明暗交界线位置铺上颜色，加重色彩的明暗对比，进一步塑造产品的体量感。

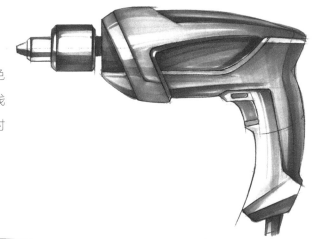

第五步：刻画产品的细节，把塑料部分的质感和金属部分的质感刻画出来，同时进一步深入塑造产品的体量感和虚实对比。

第六步：使用白色高光笔画出产品的高光。整理一下产品的线条，丰富产品的细节与质感，然后在电钻上画上英文字母等细节。

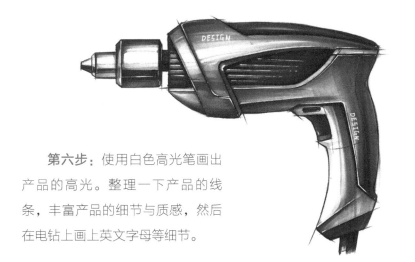

（3）音乐播放器

第一步：画出音乐播放器的线稿，起稿过程中应尽量保证透视正确，线条清晰，注意画出产品的主要特征。

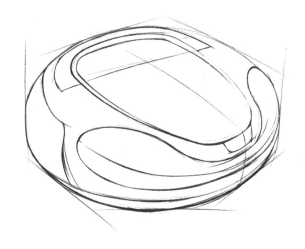

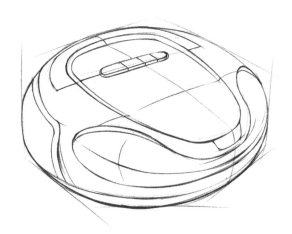

第二步：进一步加重产品线条的虚实对比，细化产品细节，并画出音乐播放器的按钮等细节，画出产品的结构线。

第三步：使用橙色和冷灰色马克笔均匀铺上一层底色，注意留出产品的基本光影关系，留白可以多一些。

第四步：使用色号更深的灰色与橙色马克笔在暗部和明暗交界线位置铺上颜色，加重色彩的明暗对比，进一步塑造产品的体量感。

第五步：刻画产品的细节，把塑料部分的材质和金属按键部分的材质感表现出来，同时进一步深入塑造产品的体量感和虚实对比。

第六步：画出产品的投影，在画阴影时候要注意做好过渡。使用白色高光笔画出玻璃显示屏上的反光和数字。整理一下产品的线条，注意丰富产品的细节与质感，然后在音乐播放器上画上英文标志等细节。

（4）机器人

第一步：画出智能机器人的线稿，起稿过程中应尽量保证透视正确，线条清晰，注意画出产品的主要特征。

第二步：进一步加重产品线条的虚实对比，细化手绘产品细节，并画出机器人的显示屏等细节，画出产品的结构线，确定产品的光影关系。

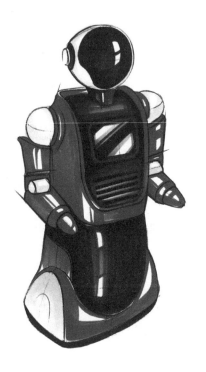

第三步：使用橙色和冷灰色马克笔均匀铺上一层底色，注意留出产品的基本光影关系。注意有弧度的形体用笔时也要随着形体弧形扫笔。

第五步：刻画产品的细节，把塑料部分的材质和金属按键部分的材质感表现出来。同时画出产品的投影，在画阴影时要注意做好过渡，可适当添加环境色，使画面看起来更丰富。

第四步：使用色号更深的灰色马克笔在线稿的暗部涂上颜色。注意绘制产品的光影关系，多种几何体组合成的复杂形体要注意分析各部件的明暗交界线位置和形状，避免画完后不像一个整体。

第六步：使用白色高光笔完善显示屏的玻璃质感，整理一下产品的线条，丰富产品的细节，然后在机器人上画上英文标识等细节。

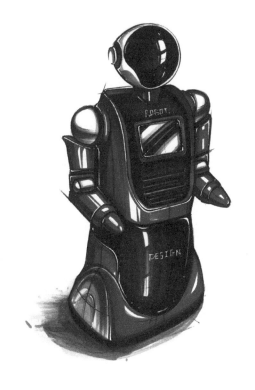

（5）自行车车座

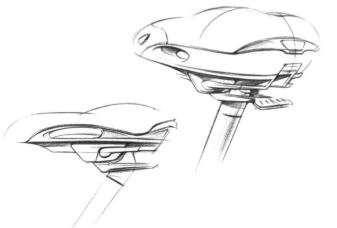

第一步：画出自行车车座的线稿，起稿过程中应尽量保证透视正确。多个物体组合出现时要注意在画面中的构图，保持重心的平衡。

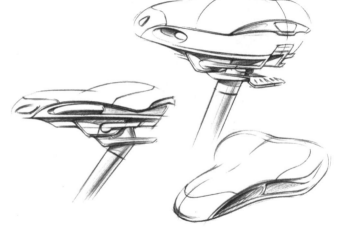

第二步：进一步加重产品线条的虚实对比，细化手绘产品，并画出车座的按钮等细节。明确产品的结构线，确定产品的光影关系。

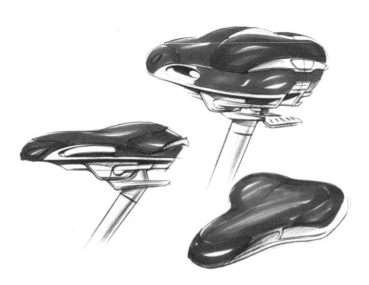

第三步：使用棕色和冷灰色马克笔均匀铺上一层底色，注意留出产品的基本光影关系。表现有弹性的材质时要注意马克笔的运笔不要过硬、过紧。

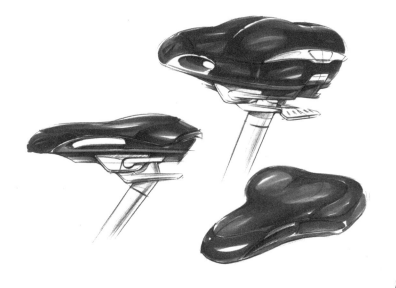

第四步：使用色号更深的灰色的马克笔加重线稿的暗部，同样要注意绘制产品的光影关系。

第五步：刻画产品的细节，注意表现橡胶部分的质感和金属部分的质感，同时进一步深入塑造产品的体积感和虚实对比。

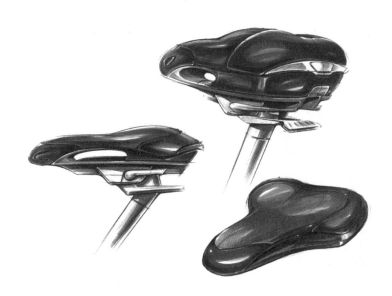

第六步：进一步刻画车座下部的金属质感，调整画面细节，使画面更完整。

3

马克笔
上色技巧

（6）面包机

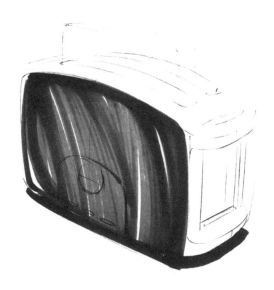

第一步：画出面包机的线稿，并且保证透视准确，线条清晰。将细节部分进行初步的勾勒，分析结构，确定光源方向，明确光影关系。用灰色的中间色进行铺色，注意走笔速度，走笔太慢会让画面看起来太闷，没有透气感。

第二步：加重暗部的灰色，可以选择比上一支笔重一个色号的马克笔，也可以用同一支笔画第二遍。在暗面增加一个色阶，使画面更加丰富，接着将灰面的暗部也进行铺色。

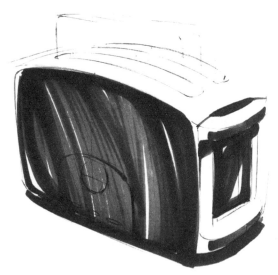

第三步：用灰色的中间色将灰面的空白处进行填充，并且开始细化细节部分。将暗部的按钮用一个重色将轮廓勾勒出来，但是注意留出亮面的部分，然后将暗部整体加重一个色阶，加重颜色时要注意将相对亮一些的部分留出来。

第四步：按照光影关系给面包上色。可以用浅黄色将其先平铺上颜色，然后加重灰面及暗面，面包的暗面可以用褐色。进一步细化细节，将亮面用浅色进行铺色。

第五步：进行最后的调整。面包的投影要表现出来，可以增加一些黄色和褐色，使其更加真实。之后用高光笔、白色彩铅和黑色彩铅等工具整体处理画面的转折处，丰富产品的细节，加强材质的质感表现，整合线条，使整个画面看起来统一、不凌乱。

（7）电动剃须刀

第一步：先画出产品的线稿，保证透视准确，线条清晰，并将细节部分勾勒出来。分析结构，确定光源方向，明确光影关系。先用灰色的中间色对画面进行铺色，离我们稍近的要用浅一点的颜色。

第二步：用比上一支重一个色号的马克笔对暗面进行加重，拉开黑白灰关系，两个形体同时加重。用较浅的褐色将产品的褐色部分平铺上色，注意留白和反光，不要画闷了。

第三步：灰色部分用相对重一点的色号继续加重暗部，拉大黑白灰关系，前后两个形体同时加重，褐色部分用一个重色加重灰面和暗部，增加体量感。

第四步：继续加重灰色部分，这时只加重暗部，拉开与灰面的对比，并且只加重离我们近的形体，远处的可以虚化不再加重。开始细化细节，将剃须刀的转盘部分用浅灰色平铺上色，并用重色加重暗部，注意表现出材质感，并画出投影。

第五步：进一步细化细节，给剃须刀的转盘部分增加些褐色环境色，使画面更完整真实。注意前后两个产品的对比，前面的对比要更强烈，可以加一个深色的背景，来凸显亮部的对比关系。用高光笔、白色彩铅和黑色彩铅等工具整体处理画面的转折处，丰富产品的细节，加强材质的质感表现，整合线条，使整个画面看起来统一、不凌乱。

（8）头盔

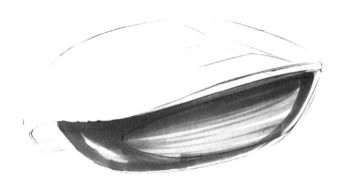

第一步：先画出产品的线稿，保证透视准确，线条清晰。将细节部分大致勾勒出来，分析结构，确定光源方向，明确光影关系。先用灰色的中间色对画面进行铺色，注意留出反光，走笔要快速，使画面更加清透。

第二步：用较浅的湖蓝色对产品的蓝色部分进行铺色，注意留白，再叠加一层，加重暗部和转折的位置。用稍重的灰色加重产品灰色部分的暗部。

第三步：用一支较重的湖蓝色加重交界线以及细节中的暗部，增强对比关系，明确亮面的细节光影。用浅灰色给产品左侧的部分铺色，注意明暗关系与整体保持一致。

第四步：用较重的湖蓝色加重产品顶面的暗部以及细节部分的投影，交界线的位置也加重一遍。开始细化灰色部分的细节，首先明确细节的形状，注意画出镂空部分的厚度，由于整体处于灰部和暗部，内部用较重的深灰色马克笔上色。画出整体产品的投影。

第五步：进行最后的画面调整，灰色部分再增加一些色阶，使其更加丰富。用稍重的湖蓝色马克笔加重前面转折的位置，增加产品的纵深感。用高光笔、白色彩铅和黑色彩铅等工具整体处理画面的转折处，丰富产品的细节，要特别注意镂空部分的高光不可太过强烈，整体要融入灰部的调子里。

（9）摄像头

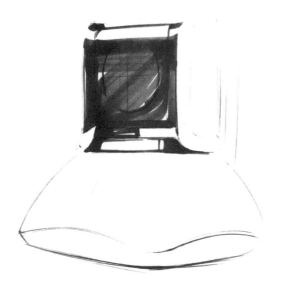

第一步：先画出产品的线稿，并且保证透视准确，线条清晰，将细节部分大致勾勒出来，分析结构，确定光源方向，明确光影关系。用稍重的灰色马克笔对产品的灰色部分进行铺色，注意留白，因为转折的位置正好是高光。

第二步：细化摄像头的细节部分，明确镜头的形态，加重暗部，并画出产品形体上的投影。

第三步：用深浅适中的湖蓝色将产品中湖蓝色的部分进行铺色，但是依然要注意黑白灰的关系，亮面留白要多一点，暗部要整体一点，还要明确暗部要留有反光。

第四步：整体协调画面，勾画细节部分，细化摄像头周围的暗部和投影，颜色加重。湖蓝色部分也进一步区分黑白灰，加重暗部和交界线的位置，注意留出反光。

第五步：镜头部分更加深入地细化，细节可以用更重的颜色加以明确，用高光笔提亮，突出体积感，可以加一些绿色在里面，增加摄像头的质感。用高光笔、白色彩铅和黑色彩铅等工具整体处理画面的转折处，丰富产品的细节，加强材质的质感表现，整合线条，使整个画面看起来统一、不凌乱。

（10）投影仪

第一步：在之前画好的线稿基础上，首先从产品的灰部与暗部开始入手，选用产品的固有色——中灰色进行一层灰部和两层暗部的铺色，在每个面绘制时注意光影的变化，即使一个很小的面也有深浅的变化。

第二步：采用比固有色浅一个色号的灰色马克笔进行亮面灰色区域的绘制，同时用比固有色深一个色号的马克笔加重暗部的刻画，让产品的明暗关系对比进一步拉大，增强其立体感。

第三步：进行亮部红色区域的绘制，在绘制的时候可以先不用考虑该区域里面的小灰色区域，整体绘制完后，再添加上灰色区域的色块和文字。同时，初步绘制产品投影。

第四步：绘制镜头细节，在绘制的时候需要特别小心，不要画出镜头的边缘轮廓线，同时在笔触的走笔上也要根据镜头的弧面进行绘制，并适当地进行留白处理。

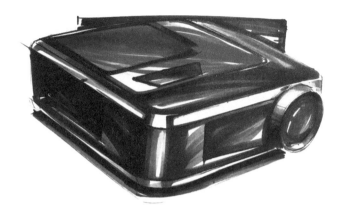

第五步：深入刻画产品每个部位的细节，使用高光笔将每一个面上的细节提亮，比如左侧灰部的各种接头。同时在产品其他部位进行高光点的绘制，整理线条，最后再补充一点投影的过渡区域，整个产品就绘制完成了。

（11）便携吸尘器

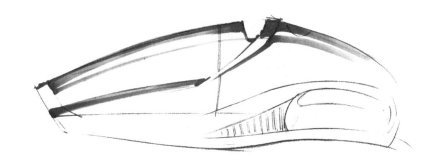

第一步：先画出产品的线稿，分析结构，确定光源方向，明确光影关系。接着从产品的灰面开始上色，走笔要快速，注意两端要有一定的虚化。

第二步：给产品的两大部分铺色，注意留白。然后开始亮部和暗部的绘制。第一遍上色要快速，并且颜色浅一点。注意明确产品的结构关系。

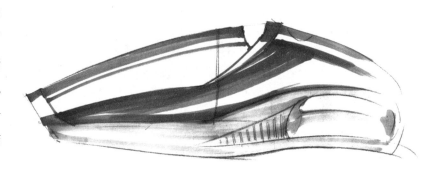

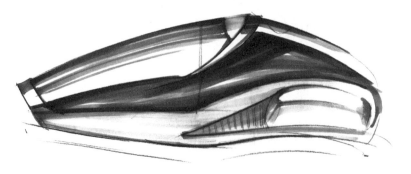

第三步：使用马克笔对产品的轮廓和部分分型线进行绘制，注意将之前的铺色边缘进行规整，并加强反光部位的形体感，突出材质的特点。

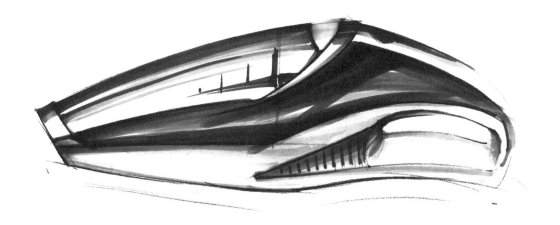

第四步：对产品细部进行绘制。灰色部分，由于整个产品为浅灰，可以只使用浅灰马克笔快速地绘制，之后再用中灰色将暗部强调一下即可。

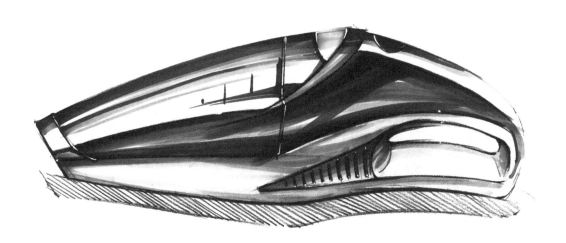

第五步：根据产品的形状和高低起伏绘制相应部分的投影。用高光笔刻画细节，让画面的视觉冲击感更强。最后再修整一下线稿，整个产品的绘制就完成了。

（12）咖啡机

第一步：该产品的材质主要是金属，在一开始上色之前就必须预设好哪一区域需要留白，哪一区域是重色的区域。我们先从它的灰部开始画起，特别注意的是该产品有一条黑色装饰圈，也需要我们表现出来。

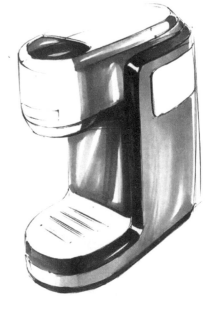

第二步：绘制大的浅灰面，这时只需选择一支马克笔就可以，其明度的变化可以通过马克笔的**叠加次数**来实现，前面弧形的造型部分选择从后向前的扫笔方式。

第三步：绘制产品的亮部，可以选择浅灰色马克笔（270），过程中需要注意金属材质的特点，表现出其强烈的对比效果，同时注意不同的形状需要不同的运笔笔触，这里的弧形是一个难点，在画的时候要特别注意。

第四步：在产品整体的黑白灰调子基础上开始进行小细节的刻画，先选用较深的灰色马克笔，绘制咖啡机前侧的长方形，接着选择一个彩色绘制机身的透明部分，注意内部转折的弧度。

第五步：使用高光笔对产品的细节、转折处和透明材质部分进行提亮，同时将其边缘轮廓线进行修整，一定要让产品看起来刻画细腻、层次感强，最后再加上投影，绘制就完成了。

（13）手摇转笔刀

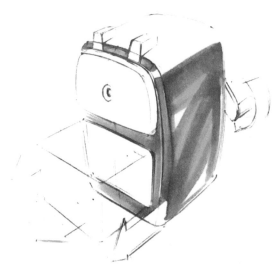

第一步：先画好线稿，步骤如前。选择绿色系的马克笔，对产品的灰部和暗部进行绘制，在绘制的过程中需要注意，有圆倒角的产品部位一般需要留白处理，同时注意绘制时笔触的走向和处理方法。

第二步：选择同色系较深的马克笔，进行产品明暗交界线的绘制，增强其对比。同时加重不同部件之间相互遮挡的部位，包括透明材质遮挡住的部位也要适当加重。

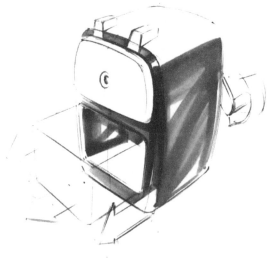

第三步：开始灰色部件的绘制，该产品的灰色部件是浅灰色的金属，在绘制的过程中选择浅灰色马克笔进行刻画，但是一定要根据产品造型的走向运笔，突显出其前面的一个棱锥形的进笔口。

第四步：画出产品使用的示意图示，通过画上黄色箭头，表明产品下方透明材质部件的使用方式，同时也可以更加突出材质的透明感。接着进行投影和背景的刻画，可以先使用浅色马克笔平铺出大的感觉。

第五步：采用与上一步相应色相的重色马克笔拉大明度对比，然后结合高光笔进行产品细节的绘制，对上一步刻画的背景和投影也进行加重和过渡变化的处理。最后将线稿的边缘进行修整，整个产品绘制完毕。

3.4.2 配色方案

在马克笔手绘效果图中，配色的选择是影响画面效果的一个重要因素。对于初学者来说，绘制的过程中容易没有配色的意识，从而在马克笔的选择上十分随意，导致画面效果非常杂乱。我们在绘制的过程中，要遵循一定的配色方法，这样才能事半功倍。

在手绘配色的时候，一个产品一般选择 2 个色相的颜色，每个色相还可以选择同类色的多支马克笔，比如选择了法卡勒的湖蓝色 234 号到 237 号，绘制时就不能再将钴蓝色的 239 号到 243 号与它们混合使用。同时，这两个色相一般其中一个为灰色系，一个为彩色系。如果产品上有其他小的细节想突出表现的时候，可以加一个彩色，这个彩色一般作为点缀色，面积和区域都要相对较小。当然这是配色的一个大致的原则，有时候我们也要根据产品的种类和造型灵活使用。

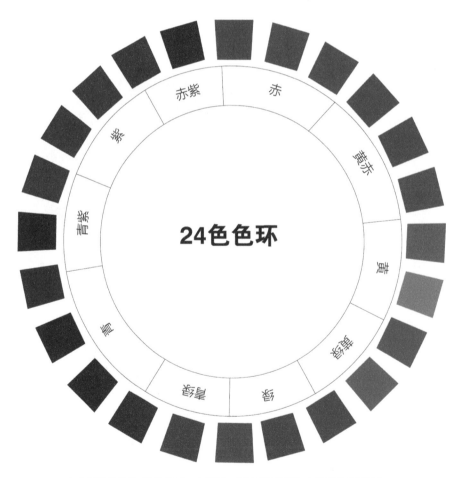

▲此图是常用的 24 色色环，在色环中相隔 15 度的两个色相就是同类色，色调统一，趋于调和，在手绘配色时可以参考

（1）手电筒配色

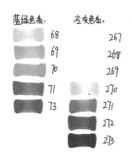

▲法卡勒马克笔配色色号

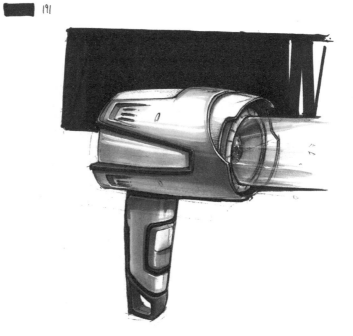

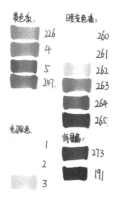

▲法卡勒马克笔配色色号

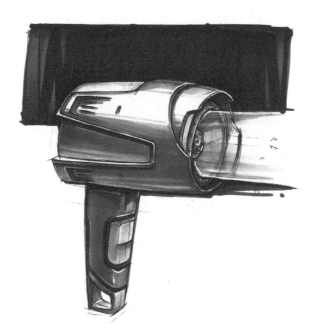

（2）咖啡机配色

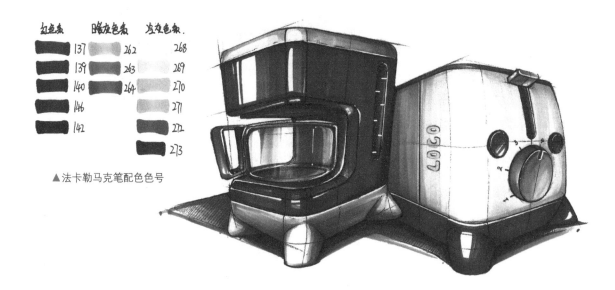

红色系	暖灰色系	冷灰色系
137	262	268
139	263	269
140	264	270
146		271
142		272
		273

▲法卡勒马克笔配色色号

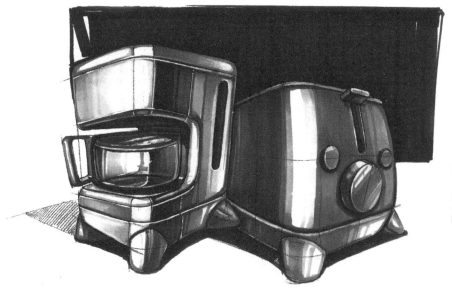

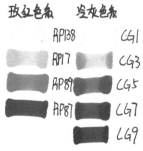

玫红色系	冷灰色系
RP138	CG1
RP17	CG3
RP89	CG5
RP87	CG7
	CG9

▲韩国TOUCH马克笔配色色号

（3）便携吸尘器 1 配色

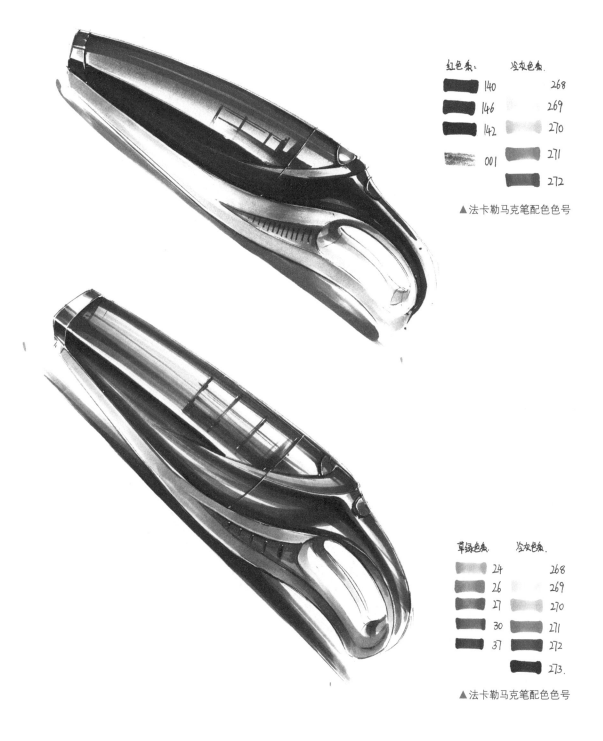

▲法卡勒马克笔配色色号

▲法卡勒马克笔配色色号

（4）便携吸尘器 2 配色

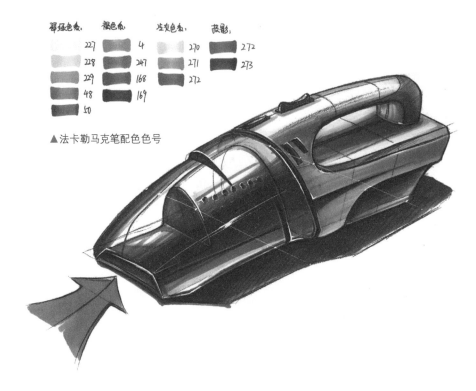

▲法卡勒马克笔配色色号

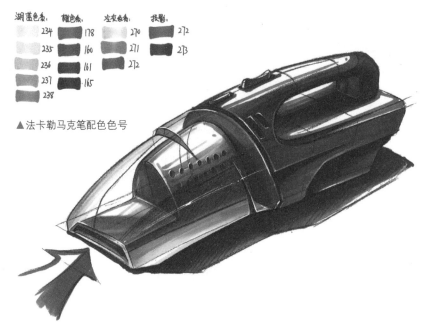

▲法卡勒马克笔配色色号

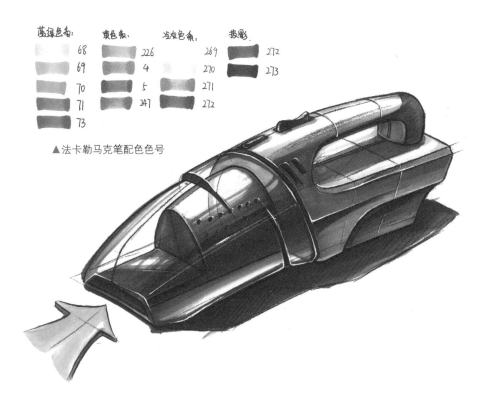

▲法卡勒马克笔配色色号

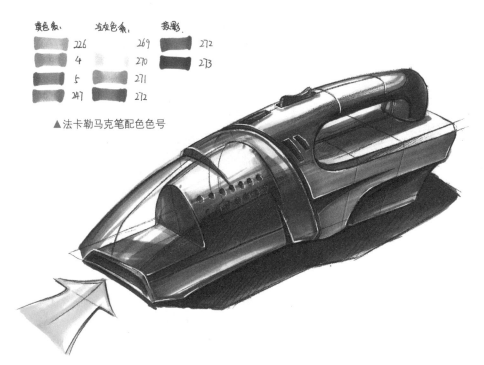

▲法卡勒马克笔配色色号

3

马克笔
上色技巧

（5）电吹风配色

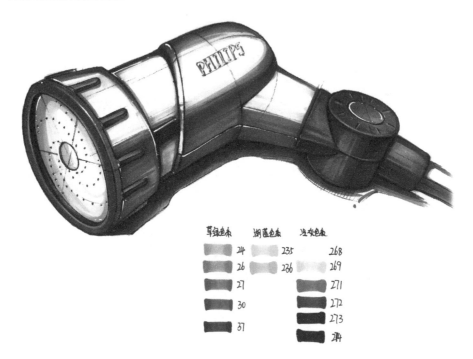

▲法卡勒马克笔配色色号

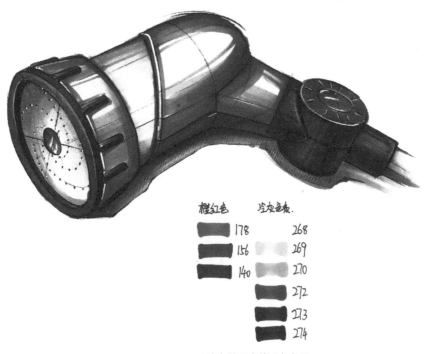

▲法卡勒马克笔配色色号

（6）机器人配色

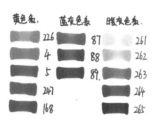

▲法卡勒马克笔配色色号

▲法卡勒马克笔配色色号

3.4.3 上色作品欣赏

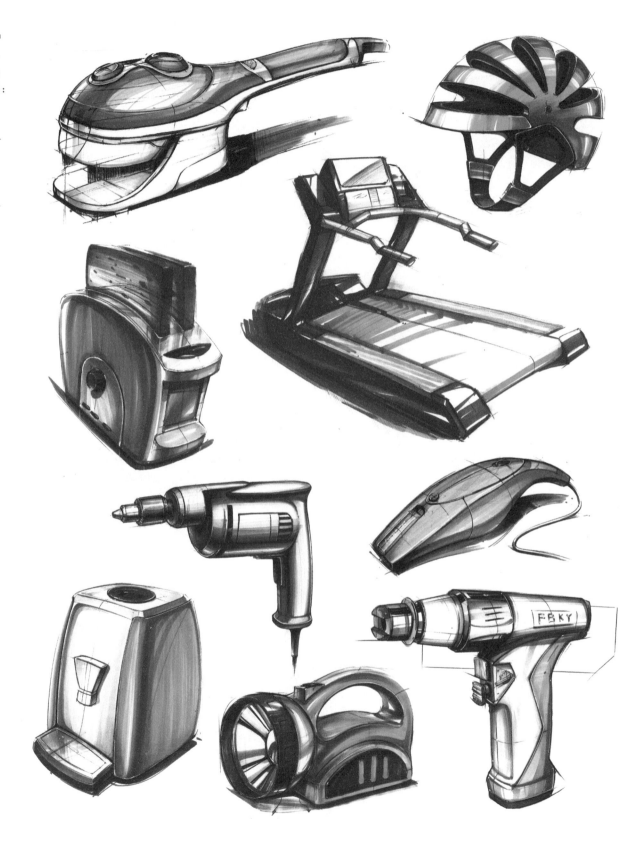

4 快题版式设计

快题设计是工业设计考研必考科目。这里不妨先讲一下阅卷老师是如何阅卷的：许多试卷放在一起先整体看，第一步先从众多试卷中挑出比较好的试卷定下分数段，然后再将每个分数段的试卷放在一起，此时大的分数段已定，所以试卷给老师的第一印象非常重要。我们上面讲到，配色是影响画面效果的一个重要因素，而版式也就是整个卷面的排版，则是一个综合的印象。

成功的版式设计是让老师首先注意到你的效果图，然后顺着效果图来看设计的细部，接着是细部的说明文字或情境图，然后是方案草图、设计说明等，给阅卷老师一个清晰的思路。

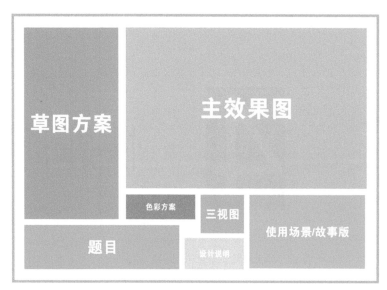

▲常用横版版式 1

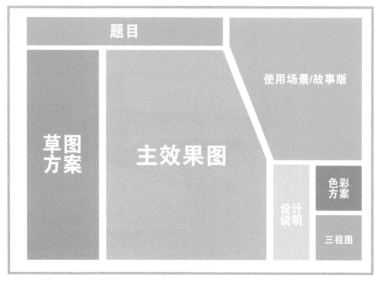

▲常用横版版式 2

▲常用竖版版式

　　这就需要最终的快题设计分几个层次：第一层是效果图，第二层是细部的展示，第三层是方案草图，第四层是文字说明，第五层是箭头导向。整体的效果要饱满、有凝聚力，草图丰富而且位置放得恰当，使人易于理解。我们画的是考卷，不能杂乱无章，要尽量使卷面干净整洁，逻辑清晰，色彩对比协调。如果能够做到这些，已经是一个高分的试卷了。

　　快题版式布局分为横版和竖版，以上提供了几款比较常见的版式布局简图，同学们刚开始学习快题版式的时候可以多加参考。到最后的考试之前，尽可能形成几款自己独特的版式布局，再对应考试题目选取相应的版式，这样有助于在很多常规版式中跳脱出来，取得较高的分数。

4.1 快题版式中的效果图

如果将一张快题版面比作一个人，那么主效果图就是这个人的大脑。整张快题版面中主效果图刻画不够精致，会直接导致这张快题版面的最终效果不理想。因此，主效果图是我们绘制快题版面的重中之重。

快题版式中的效果图一般需要注意以下几个方面的问题：

（1）大小

一般要占到整个画面的三分之一左右，这样才能将周围剩余的元素压住，将主效果图凸显出来，增强其视觉冲击力。

（2）位置

位置的选择没有十分具体的要求，可根据所画产品的种类以及自己习惯性的排版形式，选择恰当的位置。建议大家一般采用黄金分割线或者九宫格中的视觉中心位置来放置产品的主效果图。

（3）色彩

一般选择 2~3 种颜色，其中一种必须为无彩色系（黑、白、灰），一种为有彩色系，这两种颜色作为主色和辅助色，第三种有彩色为点缀色。这三种颜色的区域面积比例一般选择 7：2：1 或者 6：3：1。同时在上色时注意留白的大小，将颜色涂满会让整个画面显得太死，留白太多会显得画面单调、寡净、视觉冲击力不强。

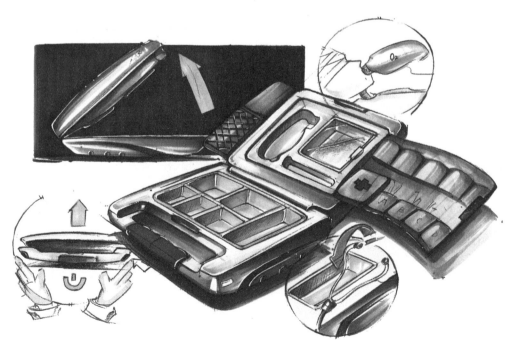

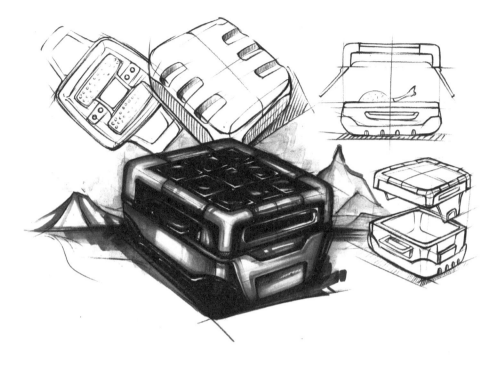

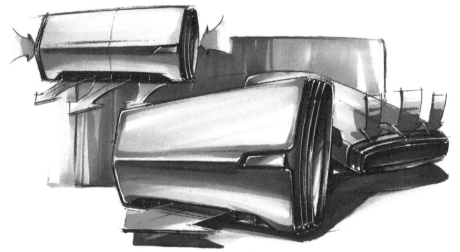

（4）内容

一般包括一个主角度的效果图，能够表达产品最主要的特征和创新点；两个辅助角度的效果图，可以补充主视角未能显示出的结构和部件等；产品的背景，其大小、形式、色彩根据主视角和辅助视角进行选择；投影，注意面积不宜过大。

（5）组合关系

主角度和辅助角度之间应有聚有散、有大有小、有前有后、有实有虚等。

4.2 快题版式中的草图

方案草图是除主效果图之外,版面元素中最重要的一块内容,可以很好地体现学生的设计思维和创造能力,也是评卷老师阅卷时重点考察的方面。方案草图的绘制有两种形式:一种是"三选一"模式,这种形式的三个草图之间的差异性很大,每个草图作为单一的一个方案绘制;第二种模式为"推演"模式,需要学生从一个基本的形态开始进行大量的草图推演,最终得到的方案差异性不是很大。同学们在选取草图形式时,最好根据自己所报考的学校进行选择。

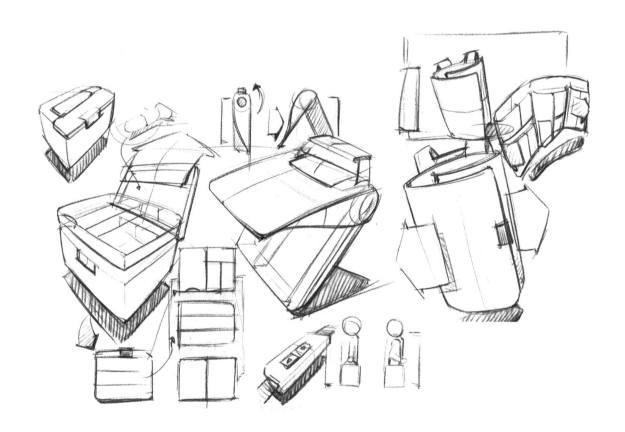

在快题设计中,绘制草图需要注意:

(1)时间上注意把握,只需绘出大致形态即可,不必绘制细节。

(2)一般可以不上色,进行纯线稿表达。想上色的同学可以采用灰色,将其明暗关系区分开即可。

(3)避免过于潦草,影响整体画面效果。

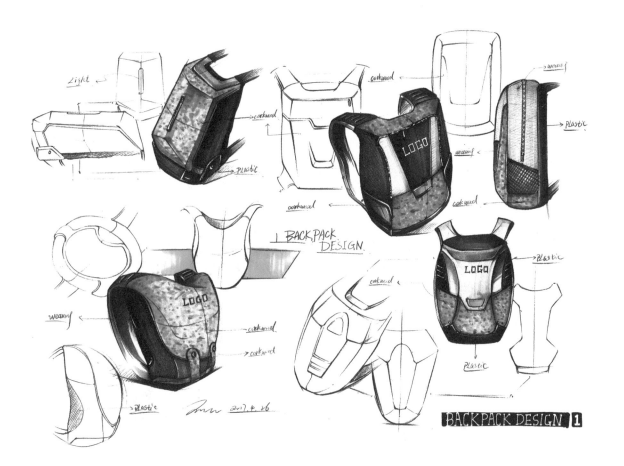

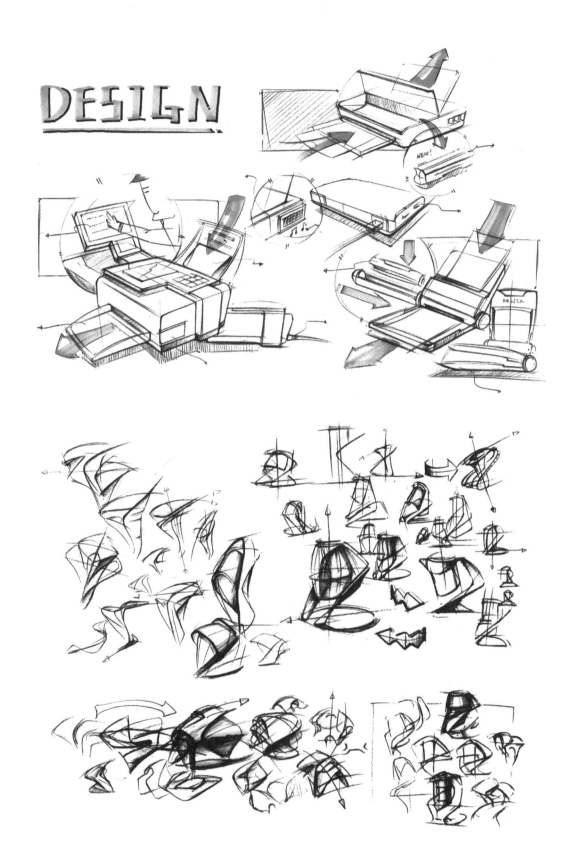

4.3 快题版式中的细节图

　　细节图是辅助产品效果图来进一步阐述产品的创新点、结构、功能等。一张快题版面通常需要 3~4 个左右的细节图。其绘制精细程度需和主效果图一致，并且需要通过相应的箭头与主效果图产生呼应关系。最忌将效果图上已经表达清楚，或者无特殊设计的局部作为细节进行放大处理。

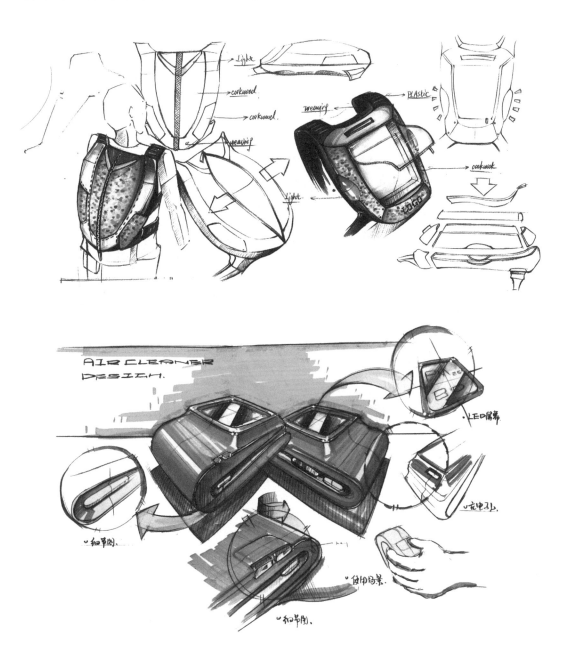

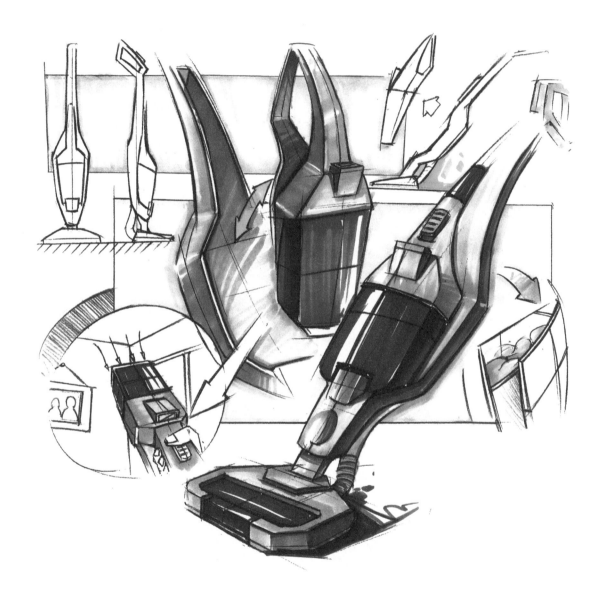

4.4 快题版式中的情景故事板

一张好的情境图,应该将产品的使用方式以及产品的大小比例等直观地展示出来,并且可以通过刻画使用者和使用场景,让整个画面更加生动、有趣。

4.5 快题版式中的设计分析

设计分析有时也称为课题分析,用来说明我们创意点的主要来源。目前,有不少院校的考研快题中要求做专门的课题分析。在快题版面中,设计分析主要有三种绘制形式:采用故事版、采用几何图形、采用纯文字,三种形式都能够将设计的痛点和创新点表达出来。其中故事版是最好的表达形式,但需要学生具备绘制漫画的能力,在考试中可以根据自己的实际情况选择一种进行表达。

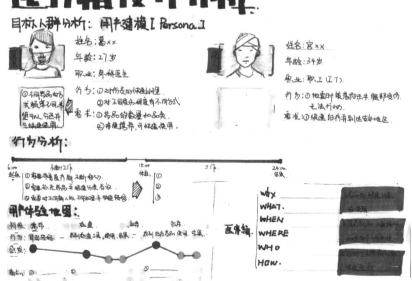

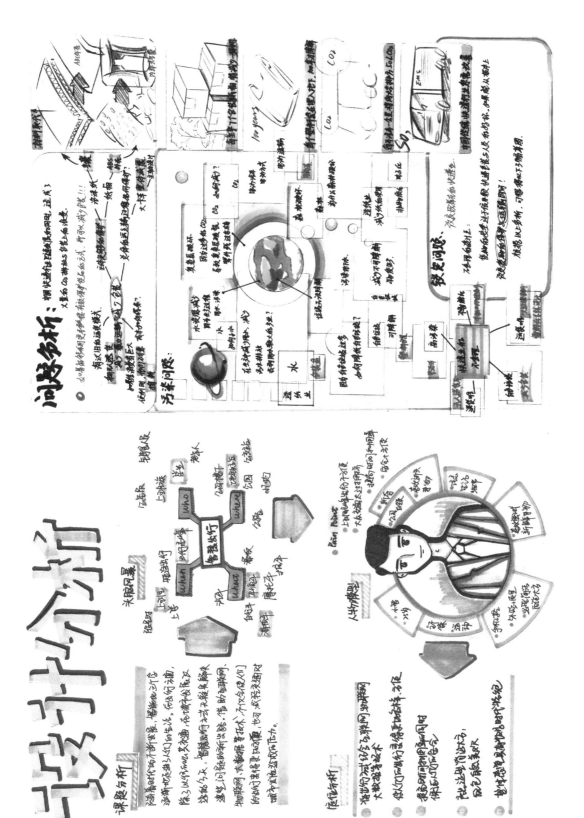

4.6 快题版式中的三视图、设计说明

（1）三视图

三视图就是正视图（主视图）、侧视图（左视图）和俯视图的总称。一般规定：主视图和俯视图的长要相等；主视图和左视图的高要相等；左视图和俯视图的宽要相等。作为工业设计的学生，简单的三视图绘制也是必须要掌握的。

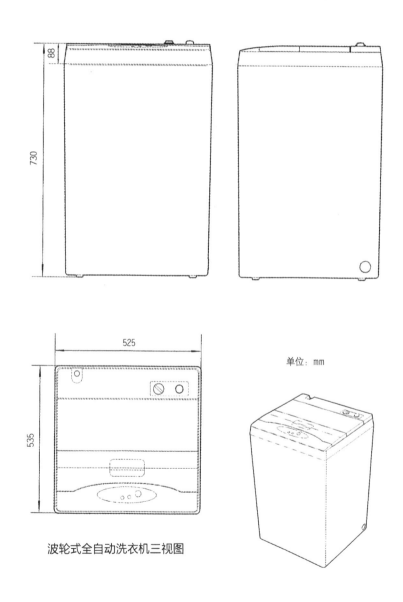

波轮式全自动洗衣机三视图

单位：mm

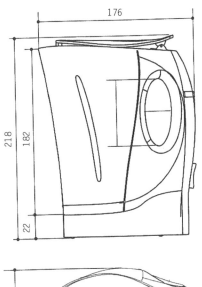
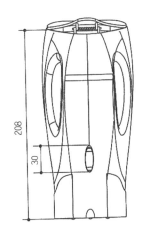
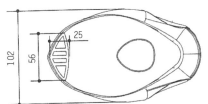

单位：mm

电热水壶三视图

（2）设计说明

设计说明也是版面中必不可少的元素，在整张快题手绘表达中，穿插一部分的文字，会让整个版面显得更加完整，同时也可以补充画面没有表达清楚的地方。但设计说明不宜过长，一般200字左右，需要认真书写，采用黑色笔，不要使用英文。尽可能使其呈块状，在整体版面中选择恰当的位置与大小。

需要包含的内容有：

① 设计定位。这是为什么人群设计的产品，比如人群年龄段（青年人、儿童、老人……）；职业（学生、白领、教师……）。

② 设计的创新点。与现有产品相比较，有何优势和新的功能。

③ 产品所用的材料、工艺、技术、色彩等。

④ 对产品的评价。精巧轻便、价廉、便携、现代感、科技感等。

例如：该产品是为XXX设计的一款XXX样的XXX产品，采用了XXX样的工艺手段，应用了XXX样的科技，大大提高了效率。采用了XXX的风格，更受XXX人群的喜爱……

4.7 快题版式中的标题、箭头设计

（1）标题设计

在版式设计中，不管英文还是中文的标题，都不需要太多，不要太繁琐，装饰也不要过多。清晰、简洁明了即可。因为标题的作用是告诉别人，你的设计是什么主题。标题的字数不宜太多，5~7个字为佳，太短或太长都会在版面中影响效果。

▲中文标题设计

▲英文标题设计

▲带有主题元素的字体效果

（2）箭头设计

箭头在版式设计中可以起到画龙点睛的作用，在选择箭头形式的时候也需要根据不同的功能而定，比如放大、翻转、抽出、推动等。箭头除了示意作用之外，还可以填补版面的部分空白区域，提升版面的整体性和美观度。

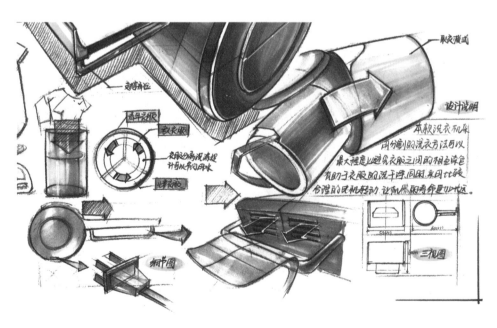

4.8 快题版式设计案例

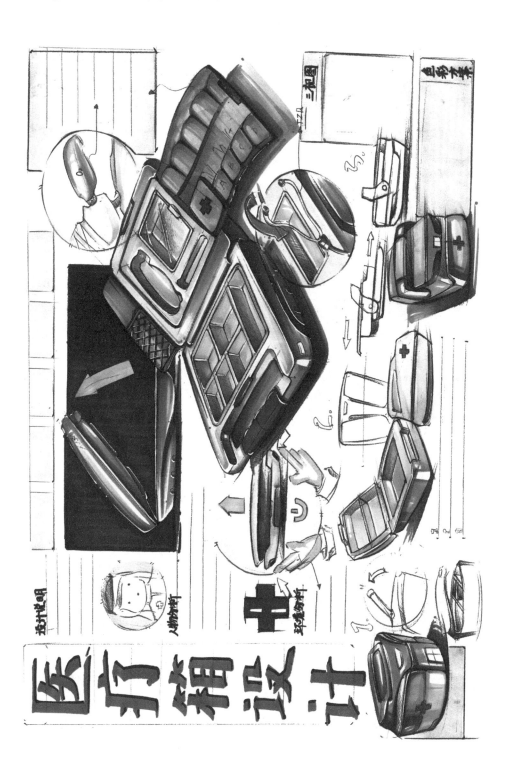

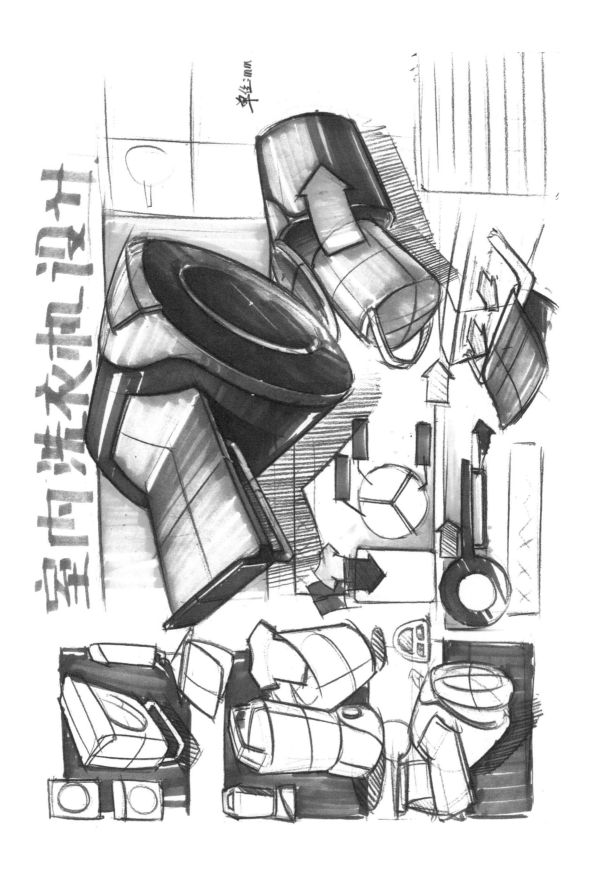

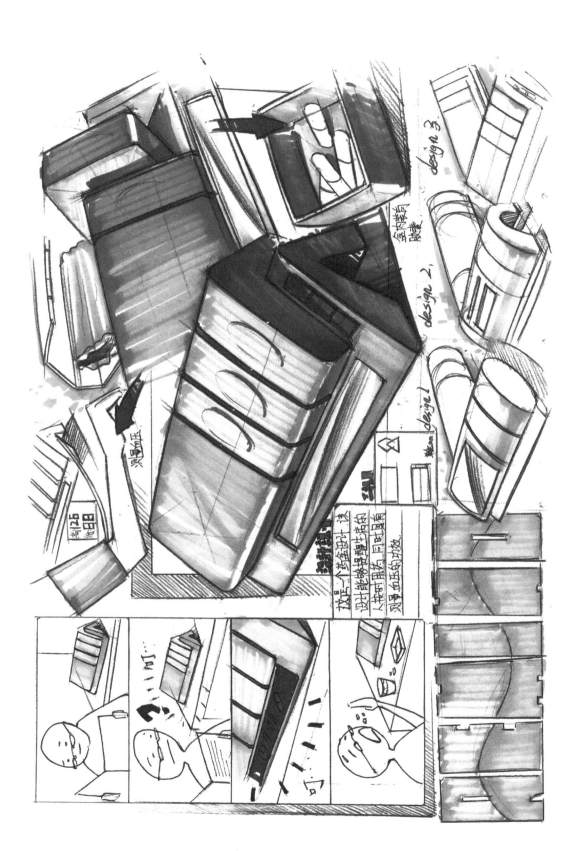

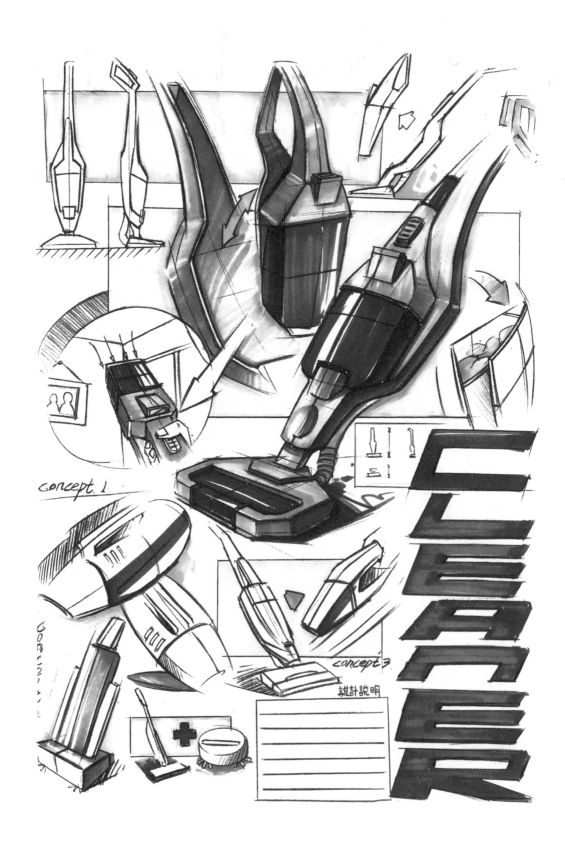